100 Lessons of Taiwan's Urban Nature

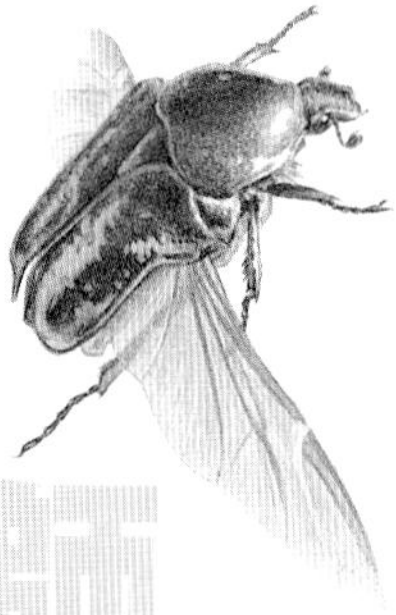

大樹自然放大鏡系列 4

自然老師沒教的事

100堂都會自然課

100 Lessons of Taiwan's Urban Nature

自然老師沒教的事

100堂都會自然課

100 Lessons of Taiwan's Urban Nature

都會自然教室

一月自然課堂

二月自然課堂

三月自然課堂

四月自然課堂

五月自然課堂

六月自然課堂

七月自然課堂

八月自然課堂

九月自然課堂

十月自然課堂

十一月自然課堂

十二月自然課堂

作者序
PREFACE

在清晨遇見白鼻心。

搬到新店山上的社區已十餘年，常碰到的多半是鳥、昆蟲、蜥蜴、蛙、蛇或野花、野草、樹木等，至於野生的哺乳動物，除了一些小型的蝙蝠、錢鼠、松鼠、老鼠外，其他的根本不敢期待有碰面的一天，特別是我所居住的社區雖是二十餘年的老社區，但人工化相當徹底，只有邊緣地帶和一些人煙罕至的連結道路，才看得到些許台灣低海拔山區的原本風貌。

那天清晨的奇遇像是一場夢般不真實，等我回過神，才深自懊惱為何沒帶相機，但那種強烈的驚喜和興奮，卻讓我久久難以平復，這真是天上掉下來的禮物，我何其幸運可以親眼目睹這一切。

遇見白鼻心的地方是兩個社區間的連結道路，兩旁俱是低海拔的典型植被，平常除了少數運動的人之外，就只有車子呼嘯而過。當時是夏天的清晨五點許，我為了躲避炙熱的陽光，特別早起走路回爸媽家，準備牽家裡的拉不拉多犬King到山上運動，走著走著，突然聽見宛如小貓咪的叫聲，停下腳步仔細一看，原來在我前方約一百公尺處，有一隻小狗般大小的動物正咬著一隻小動物越過馬路，躲進對面的草叢裡。但牠絕對不是野狗，蓬鬆的長尾巴和大大的圓耳朵，和狗狗的長相完全不同，可是也絕非野貓，因為牠的體型比貓咪大得多。我再往前走了一小段距離，想弄清楚牠到底是什麼，結果突然聽見右側的草叢有小動物的哭聲，定睛一看，謎底終於揭曉，原來是白鼻心的小孩，正哭著找媽媽。白鼻心媽媽十分小心，過馬路時用嘴銜著小孩，和貓咪的動作一模一樣，等藏好一隻，再回過頭接第二隻。小白鼻心圓圓胖胖的臉好可愛，簡直就像玩偶一樣，真想好好欣賞一下，但又擔心白鼻心媽媽的反應，只好快步離開，免得影響牠們母子團聚。離開一段距離後，回過頭，果然看見白鼻心媽媽正快步穿越馬路接第二個小孩。靜靜地看著這個畫面，心中滿溢著感動，原來野生動物早已悄悄在我們身邊落地生根，只要不受干擾，牠們是可以和我們共存，白鼻心母子的這一幕讓我深深相信。

多麼希望可以將這種感動傳遞給更多生活在台灣的人，這也是『自然老師沒教的事』的出版初衷，透過都市和郊區生活環境裡的自然景象、植物和動物，讓大家知道自然是無所不在的，無需遠求，其實就在您的生活四周。聽得見大自然的心跳，將使每天的生活充滿生命的驚喜與感動。

張蕙芬

台北都會區也可以見到保育類動物白鼻心？不要懷疑，這是本書攝影師黃一峰在台北市的富陽公園所拍攝到的。

前言

自然
可以這麼有趣。

許多人一聽到「大自然」，腦海中浮現的常是非洲的莽原或是南美洲的熱帶雨林，是我們平常人可望而不可及的遙遠國度。事實上，大自然絕非人煙罕至的蠻荒地帶，自然就在你我生活的周遭，只是長久的漠視與隔閡，讓我們與自然之間有了認知上的鴻溝，而人工化且便利的生活環境更強化了這樣的想法。

為了讓生活在台灣的人對周遭的大自然有嶄新的認知，我們特別企劃製作了『自然老師沒教的事』，篩選出都會與郊區生活均適用的「100堂都會自然課」，按照看得到的月份編排，內容包羅萬象，有動物、植物，也有當季的自然景觀，與學校課堂的授業完全不同，除了自然知識之外，我們更希望藉由精采的攝影與自然插畫，提供一般人容易親近的入門路徑，特別是生活中隨手可得的題材，讓大家願意重新看待大自然，使人人聽得見大自然的心跳。

每個人體驗大自然的方式可能大不相同，例如有的人特別喜愛賞鳥，或是拍攝野鳥；有的則選擇欣賞野地路旁小小的野花，或是尋覓難得一見的野生蘭花；也有的特愛蝴蝶、甲蟲等昆蟲。但不管是何種方式接近大自然，豐富的自然知識仍是最重要的第一步，沒有知識的基礎，感動都不過是短暫的悸動，無法真正落實。自然知識宛如第三隻眼，可以讓人真正看見大自然，隨時隨地體驗大自然之美。

就像平凡的每一天，因為聽得到大自然的聲音，而有了更深一層的體會。季節的腳步、生命萬物的循環，就在每天的風聲、雨聲、落葉聲，而每一次的體驗都讓人覺得原來自然可以這麼有趣。

記得以前在學校上自然課時，總覺得跟日常生活毫不相干，課本裡提到的淨是一些永遠看不到的異國動物或植物。其實自然教材就在我們的生活周遭，關鍵只在於看不看得到，但願大家耐心且滿懷欣喜地上完這100堂課，相信會對大自然有截然不同的認識。

都會
自然教室。

100 Lessons of Taiwan's
Urban Nature

都會自然教室 001

家庭環境。

100 Lessons of Taiwan's Urban Nature

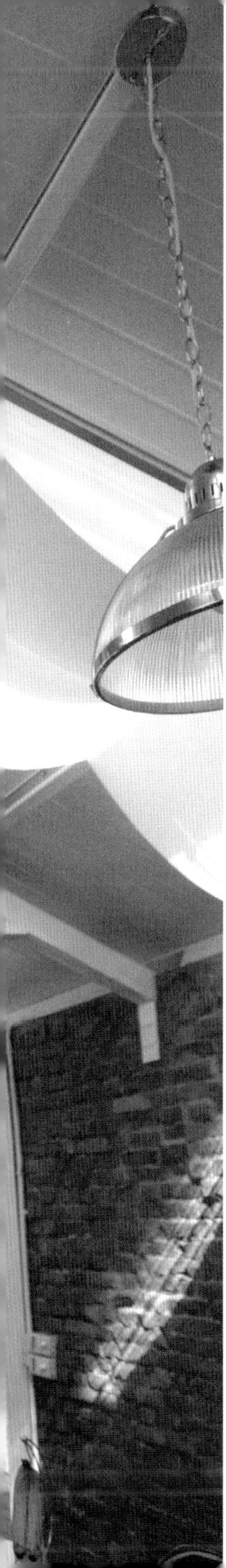

每一個家庭都是最好的自然教室，恐怕許多人會難以置信吧？其實一點都不假。先從每天餵飽我們的廚房談起，這裡看得到許多小生物，只是多半不討人喜歡，甚至是恨不得除之而後快，所以很難聯想到大自然。事實上這些小生物都是機會主義者，尤其現在人類大為興盛，依附在人類的生活環境，對牠們的生存可是大利多。

首先廚房最常見的就是蟑螂，這種已在地球上生存三億年的古老生物，不得不讓人欽佩其生存能力之強，幾乎每一個家庭都看得到牠們，讓人恨得牙癢癢的，卻又拿牠們一點辦法都沒有。其實暫且放下對蟑螂的厭惡之心，牠們還是有許多值得觀察之處，而且任何滅蟑措施似乎都成效有限，也值得我們這些萬物之靈好好思索的。

其次米箱裡也常看得到小小的米象，特別是放得比較久的白米，很容易找到這種小象鼻蟲，蠻適合做小朋友的寵物，只要一點白米，就可以養一大堆米象，尖尖長長的小鼻子很可愛，也是象鼻蟲的典型特徵。

螞蟻也是廚房的常客，只要有一點食物殘屑，馬上引來螞蟻大軍。工蟻的移動路徑是非常值得觀察的，下次看到牠們大舉入侵，先別忙著清理善後，瞭解其路徑才有助於防堵螞蟻再次光臨。

其他家庭生活空間裡，蚊子和蒼蠅大概是最惹人嫌的，但也是難以根除的小麻煩，瞭解牠們的生活史也有助於防範牠們入侵。如果家裡還有種植植物的陽台或花園，那麼生物的多樣化將更為豐富，各式各樣的昆蟲、蜘蛛、蜂類，都將在這裡出沒，人類看不到並不代表牠們不存在。留心家裡植物的四周，您將會有意想不到的收穫。

不用出門，只要仔細找找，家庭環境裡也有許多生物可以觀察！

都會自然教室 002
公園綠地與水池。
100 Lessons of Taiwan's Urban Nature

都市裡的公園是人工環境的綠洲，數目衆多的樹木和各式各樣的植物，成為許多生物重要的棲身之地，尤其是一些歷史悠久的公園綠地，是都市中難能可貴的綠色珍寶，也是尋覓生物的最佳去處。

例如台北的植物園就是一處最值得推薦的綠地，從日據時代延續至今，這裡的環境宛如都市的諾亞方舟，提供許多鳥類、昆蟲或其它動物庇護之地，甚至就留在這裡繁衍下一代。因此植物園成了許多賞鳥者必訪之地，連拍攝鳥類的攝影家也長駐此地，留下許多珍貴的野鳥鏡頭。

植物園的水池景致除了夏天的荷花之外，有一部份是保留為水生植物的生育地，盡量維持成較為自然的狀態，讓許多水生植物或昆蟲可以在此安身立命。連害羞且難得一見的紅冠水雞也在此出沒，這當然要歸功於維護良好的生態環境。

近年來大安公園由於樹木逐漸繁茂，也成為台北市另一個很好的自然觀察地點。但是台灣都市的綠地比例還是明顯遠遜於歐美國家或日本，其實公園綠地不只是滿足人類休閒娛樂上的需求而已，更重要的是提供生物必要的棲息環境，這樣我們的都市才會比較自然健康，也讓我們更容易親近大自然。

都市裡的公園綠地已經成了生物們的綠洲，現在在各大公園裡，都有機會看到讓你意想不到的自然生態。

都會自然教室 003
行道樹。
100 Lessons of Taiwan's
Urban Nature

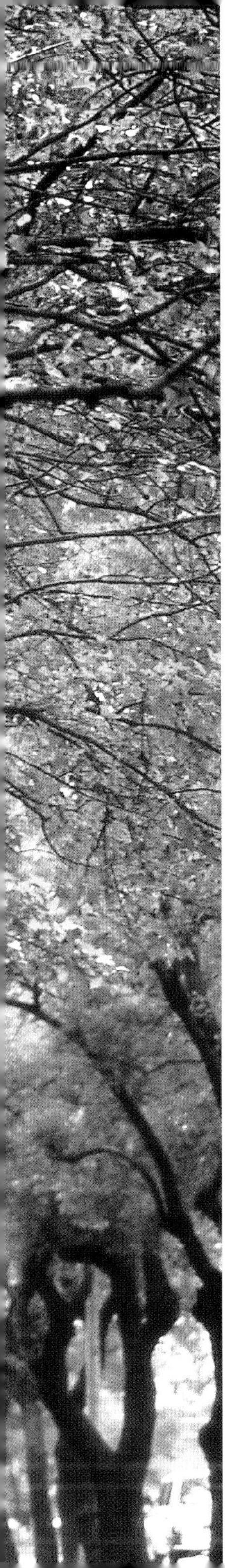

行道樹是都市環境中不可或缺的綠化要角，沒有綠樹的點綴，水泥叢林將不適人居，而且也缺乏表情。現代大都市一向非常重視綠地的比例，行道樹也受到良好的照顧與保護，以期讓人們的生活更加舒適。

行道樹的重要性不僅是改善生活環境，其實對其它生物而言，行道樹更像是沙漠裡的綠洲，提供了棲所、食物等等…在自然資源貧瘠的都市環境裡，這些樹木扮演類似諾亞方舟的角色。

如果行道樹樹種的選擇不要只是著重其觀賞性，而是以本土樹種為主，相信更可以庇護許多小生物，也可在不同的季節裡提供不同鳥類來覓食，這樣隨時有鳥可賞，有昆蟲可看，是都市裡活生生的生態系。

繁忙的都會中心，也有綠樹成蔭的景象？行道樹雖然是人造環境，卻也是許多都市生物的庇護所。

都會自然教室 004

街道路燈下。

100 Lessons of Taiwan's Urban Nature

昆蟲是地球上最成功的生物，不論哪一個角落，都找得到昆蟲，也因此，想要在人工化的環境下進行自然觀察，昆蟲自然是首要之選。

就連晚上想要尋覓蟲跡，其實一點都不難，只要在街道路燈下等待，許多夜行性昆蟲都會在燈下一一現身。這些昆蟲多半具有趨光性，不妨仔細觀察一下有哪些種類。

其中最為常見的就是蛾類，牠們多半在夜間活動，台灣蛾類的種類和數量都十分驚人。運氣好的話，有時還會碰上小蝙蝠在街燈下忙著覓食，不過這多半在郊區或臨近山邊才看得到。

街燈對於自備光源的螢火蟲反而是不利的，只有在沒有光害的地方才看得到螢火蟲的美景。所以街燈的設置除了考量人們的需求外，其實也可更細心一點，考慮各個環境的生物因素，避免對當地生態造成光害。

入夜後七彩的燈光、繁忙的街道成了都市唯一的景致？仔細觀察，你將有機會發現有許多生物隱身其中。

都會自然教室 005

學校校園。

100 Lessons of Taiwan's Urban Nature

台灣許多學校因為歷史悠久，校園裡多半有茂密樹木，甚至還有百年的老樹，這些珍貴的綠色資產讓校園成為自然觀察的好地方，也是都市小孩接觸自然的媒介。

校園裡的樹木多半是常見的榕樹、雀榕、印度橡膠樹、樟樹或棕櫚類的椰子樹等，除了觀察樹木的開花結果或四季變化之外，還有樹上的鳥類、昆蟲等多樣生物，可以讓孩子一一探索。

記得曾看過報導，都市中常見的綠繡眼在教室附近的樹上築巢，老師特別架設了望遠鏡，讓所有小朋友可以在不干擾綠繡眼育雛的狀況下，親眼見證了生命的奇妙過程。

生命教育並不只是書本上的知識而已，親身體驗和親眼見證有時遠比課堂上傳授解惑，影響更為深遠。也因此，校園裡的環境越貼近自然越好，不需要設置太多人工遊樂設施，豐富的樹木和生物相，會帶給孩子更多體會。

現在各大校園都開放讓民眾可以進入散步與運動，學校裡的自然環境維護極佳，因此也吸引很多生物進駐，也是都會裡難得的自然觀察地點。

都會自然教室 006

溪流&河邊。

100 Lessons of Taiwan's Urban Nature

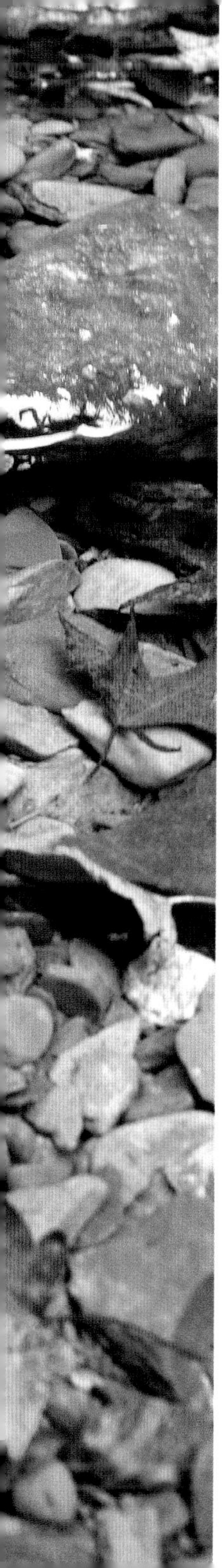

以現在都市的人工化程度，要在居家附近找到清澈而且可以親近的溪流或小河，似乎是癡人說夢。但不容諱言的是，人的天性是愛親近水的，看到水總讓人心情愉悅、精神放鬆，更何況水也是許多生物不可或缺的家園，有了溪流或小河，將可以看到牠們的蹤跡。

幸而如今都市的規劃之中也會將親水空間納入考慮，不論是宜蘭的冬山河或台北八里的淡水河，還有基隆河以及高雄的愛河等等，無不成效斐然。而位於郊區的山裡也有許多小溪流，不論是戲水、釣魚或捉蝦，都可以滿足不同的需求。

除了淡水魚蝦之外，溪流和小河也是許多藻類、昆蟲、山鳥賴以為生的家園，這裡一樣是絕佳的自然觀察教室，可以仔細找找看，看似清澈無物的溪水中，到底有哪些小生物？有哪些鳥類會在這裡出沒？夏天時為什麼蜻蜓和豆娘都在水邊徘徊？許多小疑問在仔細觀察後將會一一獲得解答。

溪流是蘊藏生命的寶庫，無論是山邊或都市裡的溪流環境，都有許許多多的生物生活在其中。

都會自然教室 007

農田&菜園。

100 Lessons of Taiwan's
Urban Nature

台灣人是出了名的勤勞，只要有一小塊地，是絕對不會讓它閒置荒蕪的，總要種點什麼。夏天的各類瓜果，秋冬的綠色葉菜，把小小菜圃點綴得生意盎然。這樣的菜園農田景觀在台灣一點都不陌生，就連都會區或郊外的住宅區也都看得到。

有了菜園、農田，自然就會吸引許多小生物來覓食，畢竟人類吃的東西要比野生植物可口許多。像是紋白蝶、果實蠅、小菜蛾等都很容易發現牠們的蹤跡，還有蝗蟲、金龜子等也很常見，喜愛昆蟲的小朋友只要守住一小塊菜園或農田，一定可以收穫良多的。

如果校園中可以闢一小塊地來做為簡易的菜園，不僅可以讓孩子親身體驗種植蔬菜的滋味，同時也可做為許多自然觀察的素材，不失為一舉數得的作法。

農田是自然觀察的好地方，但在都市裡一般人很難接觸到農田，現在有許多人在自家頂樓或花園裡搭設菜園，除了享受栽種的樂趣，也能在自己家裡做自然觀察。

都會自然教室 008

郊山&步道。

100 Lessons of Taiwan's Urban Nature

許多人喜愛在週末呼朋引伴，到都市附近的郊山走走，甚至也有人把爬山當成每天早起的健身活動。不論何時走在郊山步道上，都是親近大自然的好機會，如果對周遭的一切視而不見，真的太可惜了。

郊山步道上首先印入眼簾的就是茂密的植被，台灣低海拔的植物景觀非常豐富，不同的環境可以看到截然不同的植物，因此走在步道上不妨看看周圍的植物，認識一下它們的名稱和生長特性，久而久之也會對附近的環境特色有一初步的概念。

此外，郊山步道也是尋覓其它生物的好去處，不論是昆蟲或鳥類，這裡碰到的機率都很大，若剛好是鳥類的求偶季節，好聽的鳥鳴聲往往不絕於耳，或是夏天的蟬鳴等，都是走在郊山步道的額外收穫。

都市近郊無論山邊或海邊，有許多步道是自然觀察的好去處，在步道間行走，時而賞景時觀察植物、昆蟲，耳裡聆聽蟲鳴鳥叫，是假日最好的休閒活動。

1月 JANUARY

自然課堂。

100 Lessons of Taiwan's Urban Nature

小白鷺和黃頭鷺常常同時出沒。
Lesson
01
100 Lessons of
Taiwan's Urban Nature
1月自然課堂。
鷺鷥家族

鷺鷥家族是台灣相當常見的鳥類，即使是都會區或郊區、河口濕地，都很容易看到牠們的身影。這一個家族泛指鷺科鳥類當中最為相近的幾種鷺鷥，其中包括最為常見的留鳥「小白鷺」，普遍的冬候鳥「大白鷺」、「中白鷺」，稀有的過境鳥「唐白鷺」，以及濕地農田最為常見的「黃頭鷺」等，由於牠們的外形近似，又都是一身雪白的羽毛，若不仔細辨認，很容易就把牠們混為一談。

以最為常見的小白鷺而言，其活動領域最為寬廣，顯然十分適應台灣的環境。除了水域之外，也會在乾旱的農田或草地活動，與體型稍小的黃頭鷺重疊，但要分辨這兩者，其實一點也不難，在非繁殖季的冬春季，兩者都是一身雪白，但嘴喙的顏色就可分辨其差異，小白鷺是全黑的嘴喙，而黃頭鷺則是黃色嘴喙。到了夏天的繁殖季，兩者的差異更為明顯，黃頭鷺的頭、頸及背部羽毛全部轉為橙黃色。而小白鷺則依然雪白，只是在後頸、胸前及背部多了繁殖的飾羽。黃頭鷺又因常停棲在牛背上，也因此有了「牛背鷺」的別名。

至於其它活動侷限於水域的大白鷺、中白鷺、唐白鷺等鷺鷥，均常常與小白鷺混群活動，從體型大小和嘴喙的顏色就可以分辨彼此。鷺鷥群常靜靜地佇立或緩步輕移，以無比耐心等待獵物靠近，再以嘴喙快速啄起。有時也會以腳在水中抖動，以捕食被驚嚇的小魚。觀察鷺鷥的捕食行為要和牠們一樣有耐心，看似毫無動靜，但下一瞬間可能就高手出招了。

【建議延伸閱讀：「野鳥放大鏡」食衣篇與住行篇，有關鷺鷥的覓食與築巢】

夏天披著繁殖羽的黃頭鷺十分容易辨認。

小白鷺的黑色嘴喙和黃腳爪是牠的辨識特徵。

大白鷺為體型最大的鷺鷥，細長的頸部呈S型。

中白鷺的體型略大於小白鷺，嘴喙黃色，尖端為黑。

Lesson 02

1月自然課堂。

黃葉的無患子

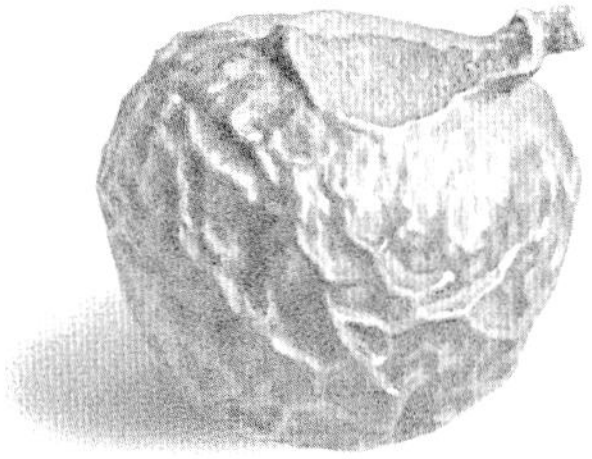

無患子的果實成熟時很像龍眼，扁球形核果，顏色為橙褐色或茶褐色。

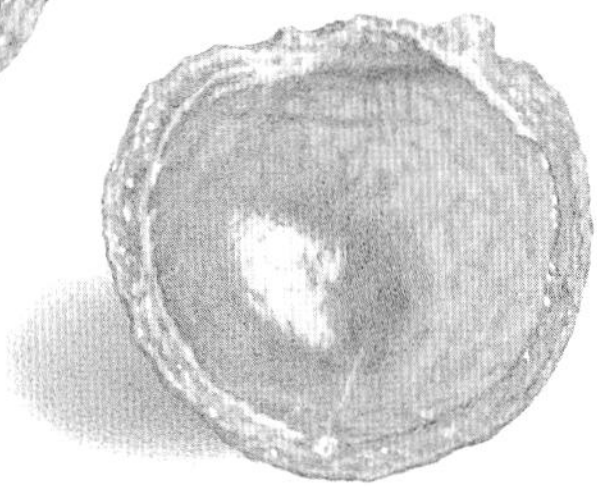

無患子的果肉飽滿，種子紫黑色，圓滾如珠，所以又稱為「肥珠子」。無患子果實的果皮、果肉富含皂素，將其剝下，放在水裡搓揉幾下，馬上產生泡泡，是很好的天然清潔劑。

天氣越冷，無患子的葉片越發橙黃透亮。（黃麗錦攝）

無患子的黃葉和果實。

秋冬之際，野地一片蕭瑟，台灣低海拔山區最引人入勝的變色樹木之一就是無患子，天氣越冷，無患子枝頭上的葉片越發橙黃透亮，遠遠就可以分辨出它們的身影，這個季節是賞無患子的最佳時機。

無患子的名稱由來有兩種說法，一是顧名思義，「不愁沒有孩子」，因為無患子在每年的9至11月間總是結實累累，子實無數。另一種說法是，古人相信用無患子樹幹製成的木棒，可以驅殺鬼怪，故名「無患」。但若以無患子科植物的共同特徵之一，即結實無數，自然是第一種說法比較符合事實。

無患子最有名的用途莫過於天然肥皂，從小就常聽媽媽提及二次大戰時，每逢空襲疏散至山區躲藏，外婆常教她們拿無患子來洗頭，也可清洗碗盤和衣物。耳熟能詳之餘，對無患子多了幾分親切感，尤其近年來處處講究自然健康環保，於是無患子的產品一一問世，有手工肥皂、洗碗精、洗髮精、沐浴乳等，將前人生活智慧傳遞下去，又對環境友善，何樂而不為？

欣賞冬天無患子的燦爛黃葉，也不妨找找樹下掉落的果實，因為這個季節也是無患子的熟果期。撿回滿滿的果實，回家試試自製的清潔劑，應該也是冬天的生活樂趣之一。

【建議延伸閱讀：
《台灣種樹大圖鑑》上冊
P130~131】

無患子富含天然皂素，可以製成肥皂等相關產品。

在冬季循著黃葉，就可以找到結實纍纍的無患子。

無患子在冬季裡的一樹黃葉金黃耀眼。（黃麗錦攝）

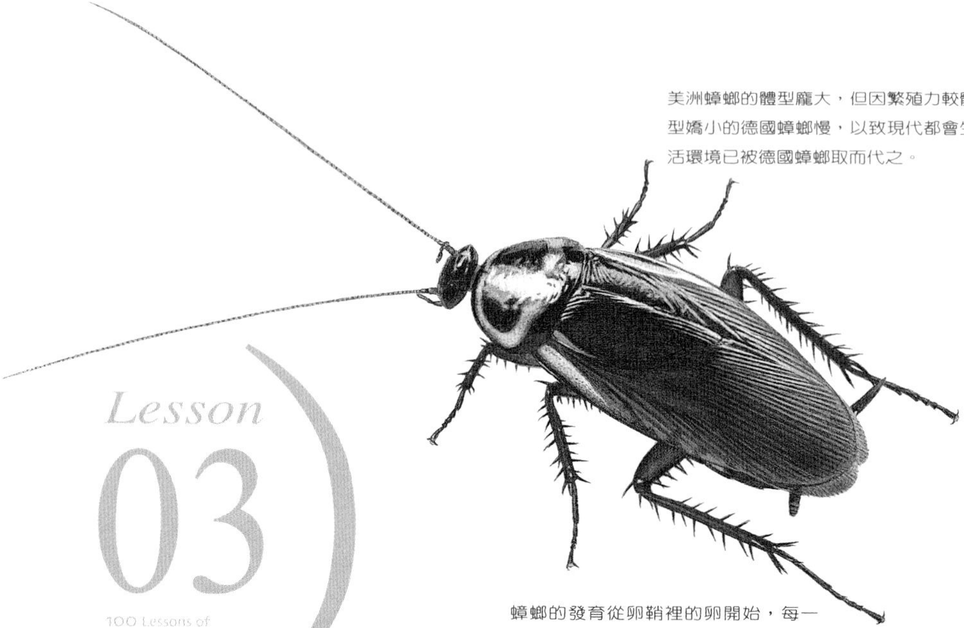

美洲蟑螂的體型龐大，但因繁殖力較體型嬌小的德國蟑螂慢，以致現代都會生活環境已被德國蟑螂取而代之。

Lesson 03

100 Lessons of Taiwan's Urban Nature

蟑螂的發育從卵鞘裡的卵開始，每一卵鞘裡含有數十顆卵，到了可以孵化時，若蟲會向卵鞘上方的縫口處擠，直到從縫口湧出。

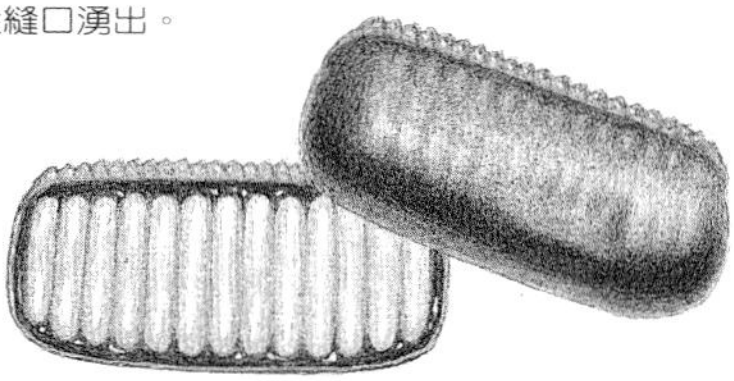

1月自然課堂。

蟑螂檔案

蟑螂是自然界非常重要的雜食昆蟲，雖然其貌不揚，卻是生物圈裡不可或缺的一員。

森林裡的枯枝、落葉和朽木如果沒有蟑螂幫忙分解，可能會造成很大的環境危機。

蟑螂出現在地球上已經有三億多年的歷史，是昆蟲綱中最古老的祖先之一，如果說牠們才是地球的「原住民」應該也不為過。歷經長久的演化，現代蟑螂的體型與化石裡的蟑螂並沒有什麼重大的改變，而且依然繁榮興盛，也無怪乎有著「活化石」的美稱。

蟑螂的天敵不少，但身材短小、其貌不揚的蟑螂，種族生命力之強，讓人不得不佩服，而且部分居家性蟑螂似乎還愈來愈繁榮，因此贏得了「小強」的綽號。蟑螂之所以不會被淘汰而且不斷擴大勢力範圍，除了強盛的繁殖力，善於躲藏的能力，以及能夠疾跑避敵的腳力，都是重要的因素。蟑螂靠著一身絕活和強敵爭勝，在地球上締造出連人類也自歎不如的版圖，下次當您捲起報紙想把蟑螂打扁時，不妨再仔細端詳一下「小強」，或許牠們也有許多值得我們人類借鏡之處。

在美國曾以三千多位成人為對象做的問卷調查中，受訪者最討厭的動物是蟑螂，接著依序是蚊子、老鼠、蜂、響尾蛇、

一身綠色的中美洲綠蟑螂，牠的模樣是不是比較不令人害怕？

婆羅洲熱帶雨林裡的蟑螂為了躲避天敵，還把自己偽裝成落葉的模樣。

蝙蝠。在日本也曾就女性大學生作調查，結果百分之八十的人把蟑螂列為她們最討厭的動物。相信台灣人對蟑螂的感覺也差距不大。

蟑螂被人嫌惡的原因不外是外形不討好，油滑的身體、長了刺的粗腳、搖擺靈活的長觸角，給人一種負面的印象，而且體表及排泄物會散發出一種怪異的臭味，又常出現在廁所、廚房、垃圾堆上，讓人覺得骯髒，是許多病原菌的幫兇。

其實帶給人們負面感受的蟑螂多半是居家性蟑螂，如德國蟑螂和美洲蟑螂，其種類不過是所有蟑螂種類中的少數份子，但正因為和我們的生活過於密切，以致我們也習慣以偏概全，以為蟑螂的生活全貌就是如此，事實上我們的所知有限，才會讓蟑螂有機可乘，大大利用人類拓展其領域。

【建議延伸閱讀：大樹教授博物學系列之3《蟑螂博物學》】

Lesson 04

100 Lessons Of Taiwan's Urban Nature

1月自然課堂。

冬夜裡的台北樹蛙

如果冬天的夜裡聽見「嗝、嗝、嗝」的蛙鳴聲，可別以為是幻聽症狀發作了，其實台灣有一種特有的綠色樹蛙，為了要和其它蛙類區隔開來，而特別挑寒冷的冬天繁殖產卵，這就是「台北樹蛙」。

台北樹蛙喜歡在有潮濕泥土的溪邊、池塘或沼澤地的灌叢之中活動，從名字就可以知道牠們的分布以北部低海拔山區為主，如台北縣、宜蘭縣及苗栗縣等，是特有種保育類動物。

以我住的新店山區來說，台北樹蛙的數量不少，每年冬天都在等待其蛙鳴聲，尤其寒冷的夜裡聽來別有一番滋味，好像寒冬的迴旋曲，後韻十足。由於鳴叫的雄蛙多半隱匿在土堆裡築巢，即使循聲靠近也不容易找到其蹤影。幸而還有吸引台北樹蛙的簡單方法，在庭園裡擺上種植水生植物的大缸，冬天時水放少些，最好是有爛泥巴，這樣一定可以吸引台北樹蛙，我也因此而年年可以享受專屬的台北樹蛙迴旋曲。

台北樹蛙交配後將泡沫狀卵塊產於巢內，孵出的蝌蚪暫時由卵泡保護著，等待下雨時再由雨水將蝌蚪帶入水域中，展開台北樹蛙的生命歷程，由於冬季的氣溫較低，因此台北樹蛙的蝌蚪期也較長，有時會長達三個月之久。

【建議延伸閱讀：《台灣賞蛙記》P146~147】

▲
台北樹蛙主要在冬季繁殖產卵，雄蛙挖好洞後便開始鳴叫以吸引雌蛙，交配後雌蛙雙腳緩慢交互踢動，以形成泡沫狀的卵塊，多半埋在洞裡或藏於覆蓋物下，不過有時也會出現在水邊的植物上。

散佈在水邊落葉上的泡沫狀卵塊。

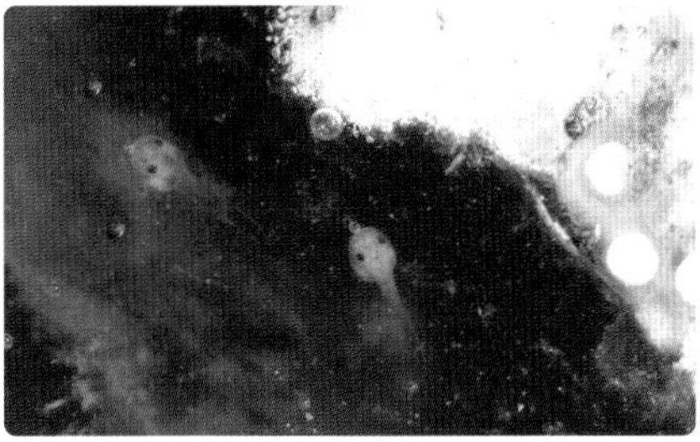

剛孵化出來的台北樹蛙蝌蚪。

躲藏在姑婆芋葉子上的台北樹蛙。

Lesson 05

1月自然課堂。

吳郭魚

有些種類的吳郭魚會有口孵的行為，即雌魚將受精卵含在口中，直到孵化為幼魚，這種護幼行為對其繁殖十分有利。

部份種類的吳郭魚在繁殖前，雄魚會挖掘底土築成盆狀的巢，具有強烈的領域性，雌魚將卵產於巢中，待孵化後再由雌魚將幼魚含在口中保護。

吳郭魚是台灣人盡皆知的食用魚種，價廉物美又營養豐富。其實吳郭魚的品系繁雜，加上繁殖容易，所以雜交種非常多，現在「吳郭魚」已成為台灣慈鯛科〔或麗魚科〕魚類及其雜交種的泛稱。

吳郭魚的源起是在1946年由吳振輝和郭啓彰自東南亞引進原生非洲的慈鯛魚，為紀念他們兩位的貢獻，才以其姓氏為這種魚命名。目前台灣已引進多達50種以上的觀賞性慈鯛和4種以上的食用性種類，加上難以勝數的雜交種和品系。雖然吳郭魚確實是重要的養殖食用魚種，但也因為其旺盛的繁殖力及適應力，以致大舉入侵台灣的淡水水域，壓縮了許多原生魚種的生存空間，造成嚴重的生態問題。

吳郭魚有強烈的護幼行為，這也是「慈鯛」之名的由來。某些種類的吳郭魚在繁殖前，雄魚會挖掘底土築成盆狀的巢，具有強烈的領域性，雌魚將卵產於巢中，待孵化後再由雌魚將幼魚含在口中保護。也有些種類是由雌魚將受精卵含在口中，直到孵化為幼魚，此即口孵行為。

台灣許多河川都看得到吳郭魚，牠們特別喜愛水流緩和的水域，即使水質污濁也能生存，又加上雜食的天性，胃口奇佳，往往成為釣客最大的收穫。但正因為其對污染的高容忍度，體內可能會累積一些環境毒素，常常食用自釣的吳郭魚，有可能吃進不少毒素。

幸而台灣吳郭魚的養殖技術日新月異，在外銷上更冠以「台灣鯛」的名稱，很受歡迎，近來更以海水養殖，使其品質更上一層樓。下次在菜市場看到吳郭魚，不妨仔細端詳一下這位來自非洲的嬌客，如今已是落地生根的台灣魚。

【建議延伸閱讀：『菜市場魚圖鑑』P150~152的吳郭魚和海水吳郭魚】

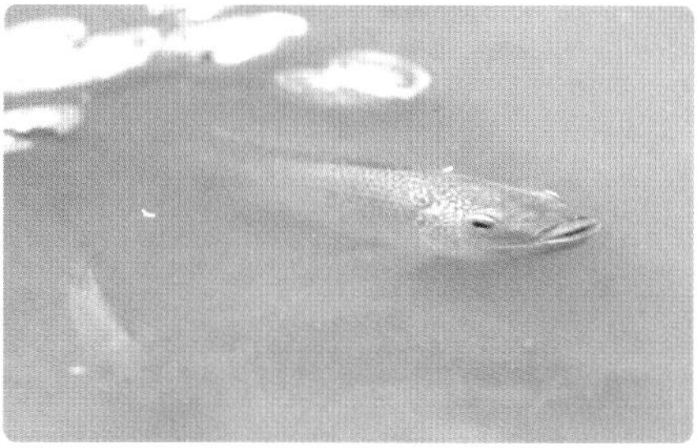

吳郭魚生命力極強，在水位很低的池塘也能存活。

台灣養殖吳郭魚技術卓越，以台灣鯛之名外銷全世界。

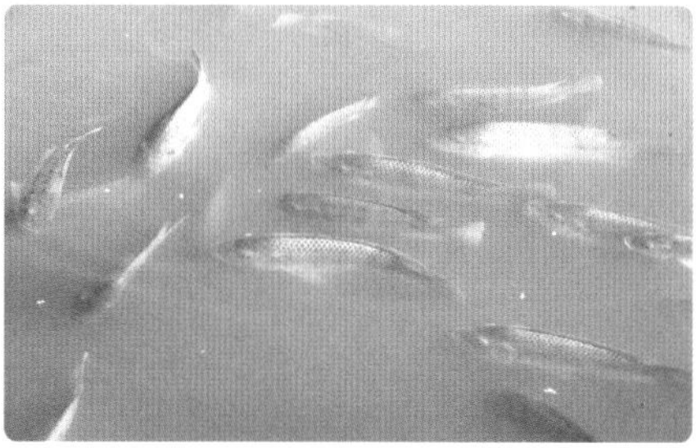

外來種的吳郭魚繁殖力驚人，嚴重威脅本土魚類生存。

與吳郭魚同科的慈鯛魚類在水族市場上十分搶手。

Lesson 06

100 Lessons of Taiwan's Urban Nature

1月自然課堂。

紅鳩與珠頸斑鳩

珠頸斑鳩最重要的辨識特徵，即黑色的頸環上佈滿了明顯的白點。

紅鳩是鳩鴿科的普遍留鳥，多出現於平地，雄鳥的體背為酒紅色，頸部有黑色頸環。

珠頸斑鳩常在地面上與草叢中行走覓食。

正在沙地上享受沙浴的珠頸斑鳩。

珠頸斑鳩又名斑頸鳩，台語稱牠與紅鳩為「斑甲」，是大家熟悉的兩種鳩鴿科鳥類。不論是都市裡的安全島上，常與麻雀一起成群覓食，或是在郊區的樹叢間，都很容易看到珠頸斑鳩和紅鳩。

紅鳩是鳩鴿科的普遍留鳥，多出現於平地，雄鳥的體背為酒紅色，頸部有黑色頸環。珠頸斑鳩的名字點出了牠最重要的辨識特徵，黑色的頸環上佈滿了明顯的白點，遠遠就看得到，非常容易辨認。

牠們都以穀類、草籽為食，對環境的適應性極強，不管是人工化的都會或是較為自然的鄉間，甚至連低海拔的山區，都找得到牠們的蹤影。

斑鳩最吸引人的地方，我覺得應該是黃昏時的呼喚叫聲，原本有點單調的「咕—咕咕—咕—咕」聲音，到了黃昏時刻聽起來特別感傷，尤其是在空曠的地方，珠頸斑鳩低沉的叫聲傳得很遠，難免讓人聯想許多，感染力很強。大部份的斑鳩都不太怕人，在我居住的山區社區裡常遇見牠們緩步慢行，就連狗狗靠近也不害怕，一派優閒的模樣。有時還會撞見斑鳩爭食流浪狗的飼料，看來牠們的食性頗為寬廣。

【建議延伸閱讀：『野鳥放大鏡』食衣篇與住行篇】

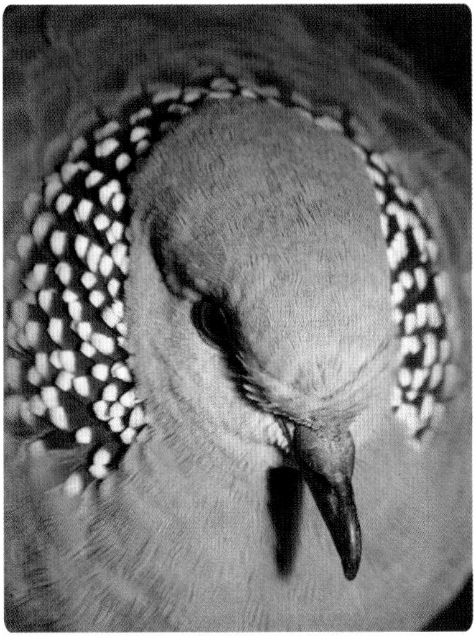
珠頸斑鳩黑白頸環，從正面看好似披著一條披肩。

傍晚時分群聚在電線上頭的紅鳩大軍。

頭部灰色配上黑色頸環，是紅鳩的辨識特徵。

正在巢中孵蛋的紅鳩。

07

100 Lessons of Taiwan's Urban Nature

1月自然課堂。

筆筒樹

恐龍電影裡的場景總少不了高大的樹木狀蕨類，大型的羽狀蕨葉讓人發思古之幽情，宛如漫步在洪荒時代的地球。

台灣何其幸運，因東北季風帶來豐沛的雨量，於是北部的低海拔山區到處可見這種古老的植物，筆筒樹特別喜愛既向陽又潮濕的山坡地，多半成群出現，而形成特殊的筆筒樹純林景觀。

在我的住家附近，也多的是筆筒樹，它就像是熟悉的老朋友，是生活裡少不了的綠色景致。最愛欣賞筆筒樹的毛茸茸嫩芽，由莖幹中心伸出，先是一團圓球狀的東西，然後慢慢挺起，終於變成活生生的問號。嫩芽外表的金黃色鱗片十分粗糙，不易脫落，才能夠確實保護裡面的幼葉。接下來由問號伸展成羽狀的葉片，整個過程十分優美，一點都不輸給昆蟲的蛻變，值得仔細觀察。

筆筒樹和其它樹蕨（即桫欏科成員）最容易區分的特徵，即莖幹上的菱形或橢圓形圖案，這是葉柄老化脫落之後留下的痕跡，成為筆筒樹最容易的辨識特徵之一。

不過筆筒樹最廣為人知的還是它在園藝上的應用，即大家熟知的「蛇木」，筆筒樹在較接近地面的莖幹部位會長滿黑褐色的氣生根，是栽植蘭花的上等材料，此外莖幹也可拿來雕刻或製成筆筒，幾乎家家戶戶都少不了這些美化居家環境的產品。

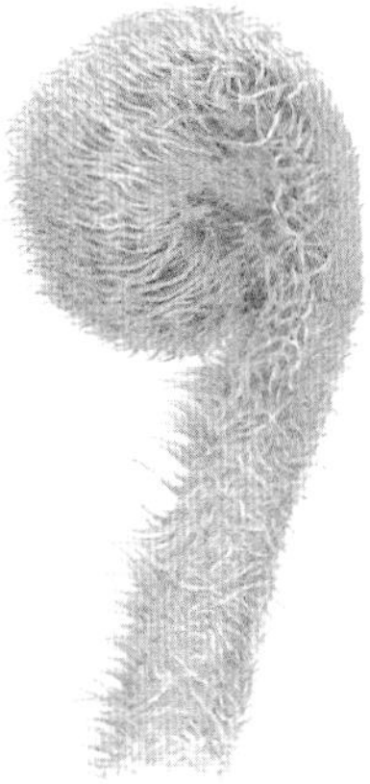

筆筒樹的嫩芽由金黃色鱗片保護著，宛如問號的有趣模樣，整個幼葉的伸展過程非常值得觀察。

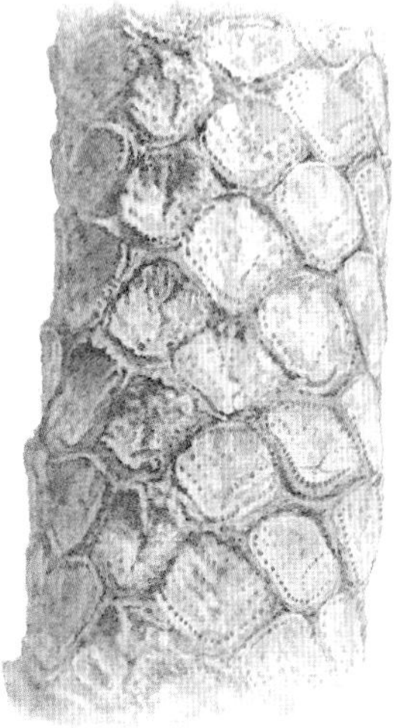

筆筒樹的莖幹上佈滿菱形或橢圓形圖案，這是因葉柄老化脫落所留下的葉痕，是重要的辨識特徵之一。

筆筒樹上的菱形圖案，又可稱為脫葉遺痕。

自然老師沒教的事
Chapter 002

2月 FEBRUARY
自然課堂。

100 Lessons of Taiwan's Urban Nature

Lesson 08

100 Lessons of Taiwan's Urban Nature

2月自然課堂。

雁鴨家族

每年的10月至翌年4月是雁鴨家族來台的高峰期，也是候鳥季的賞鳥主角之一。春夏季雁鴨家族多半棲於歐亞洲的北部，甚至遠至西伯利亞、蒙古等地，完成了繁衍大事，秋季開始往南遷，移至溫暖的地帶度過整個秋冬季。

台灣的地理位置特殊，剛好是候鳥往南遷不可或缺的中繼站，牠們經過長途的飛行遷徙，台灣東部及西部沿岸的河口濕地，提供了雁鴨家族最好的休息站，就像是沙漠裡的綠洲。有些雁鴨甚至選擇在台灣度過整個冬天，不再南遷，直到4月氣候回暖之後，才一一離去。

要賞雁鴨其實一點都不難，像居住在台北，到關渡自然公園及台北縣市交界的華中橋、永福橋或華江橋都可以試著找找雁鴨的蹤跡，不過近年來由於淡水河沿岸的陸化非常嚴重，雁鴨喜愛的水域環境大為萎縮，甚至因水質污染嚴重，也曾發生雁鴨感染肉毒桿菌而大量死亡。這些年來每年冬天待在台北近郊水域的雁鴨家族似乎正一年年遞減，這樣的環境警訊是值得注意，不要等到有一天牠們不再到淡水河度冬，那時也可能意味台北水域已出現大危機了。

以前曾有幾次難忘的賞雁鴨經驗，例如墾丁的龍鑾潭、金門的酒廠旁，都是難能可貴的體驗，但據說現在金門酒廠已不再排放酒糟，所以再也看不到雁鴨覓食酒糟的壯觀場景，實在有點可惜。

在台度冬的雁鴨家族種類繁多，像小水鴨、綠頭鴨、尖尾鴨、花嘴鴨、琵嘴鴨等都有機會看到，牠們大多混棲一處，一起覓食，一起休息，也讓辨識雁鴨成了一堂有趣的自然課。每一種雁鴨都有其特徵，不妨試試自己的眼力，多加練習，很快就會掌握雁鴨辨識的要領。

綠頭鴨是常見的過境雁鴨，左為雄，右為雌。

小水鴨也是每年都會到台灣報到的雁鴨。

琵嘴鴨的大嘴非常容易辨認。

很難想像在如此接近都會區的地方有這麼多雁鴨過境。

Lesson 09

100 Lessons of Taiwan's Urban Nature

2月自然課堂。

莫氏樹蛙

台灣特有的莫氏樹蛙是分布最廣的綠色樹蛙，也是最早被發現命名的種類。莫氏樹蛙喜歡潮濕的環境，幾乎全年都可繁殖，不過還是以春天為主。牠們的叫聲蠻有特色的，繁殖季時雄蛙會發出像火雞叫的連續求偶聲，只是牠們常喜歡躲在水溝、植物灌叢內，非常不容易找到，多半只聞其聲而難見其影。

雄蛙和雌蛙交配後，會在靜水區域或是有淤泥的排水溝裡製造白色卵泡，並將卵產於其中，卵泡有減少水分散失及保護卵粒的功能，讓卵可以順利發育成蝌蚪。蝌蚪變態發育為成蛙的時間長短不一，要看水溫的高低以及食物是否充足而定。

莫氏樹蛙最容易辨識的特徵，除了綠色體色之外，腹部股間及後肢內側常帶有紅色，並有明顯的黑色斑點。此外，腳趾吸盤明顯，是樹蛙類的共同特徵。莫氏樹蛙對於水似乎十分熱愛，平常行蹤隱匿，但大雨過後就脫胎換骨，變得十分活潑，比較容易在植物間找到它們的蹤跡，也因此有個台語俗名「雨怪」。

【建議延伸閱讀：『台灣賞蛙記』P98~99】

莫氏樹蛙鳴叫時，咽喉處有單一鳴囊，鳴叫時明顯鼓動，發出宛如火雞般的連續求偶叫聲。

正在假交配的莫氏樹蛙，上為雄蛙，下為雌蛙。

像穿上紅色黑斑褲襪般的後腿，是莫氏樹蛙的特徵。

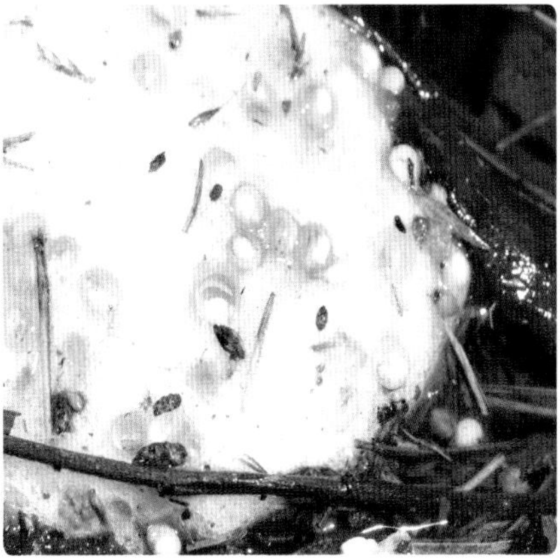

雄蛙和雌蛙交配後，會踢出白色卵泡並將卵產在其中。

Lesson 10

100 Lessons of Taiwan's Urban Nature

2月自然課堂。

山櫻花的春天

山櫻花開完花後，才輪到葉芽登場，嫩綠的幼葉由苞葉中伸出，即將在生長季節裡擔負重責大任，直到秋冬落葉為止。

山櫻花在冬季過後，先萌發的是花芽，向下垂的山櫻花，花色繁多，從粉紅色到桃紅色都有，是台灣早春最美的景致之一。山櫻花的花蜜也是許多小型鳥類或昆蟲的重要食物之一，如綠繡眼、白頭翁都常在山櫻花間流連不去。

如果想要知道台灣春天的第一個訊息，山櫻花的綻放應該可算是名列前茅了。有些山櫻特別早開，在寒風中綻放一抹紅，每回看到這個景致，就知道春天的腳步不遠了。山櫻花是台灣原生的櫻花，又稱緋寒櫻，均為單瓣花朵，向下垂放，比日系的櫻花早開，而且生性強健，是許多山居人家必種的觀賞樹木之一。我的庭園自然也不例外，十年前剛搬新家就種了一棵小山櫻，現已長至兩層樓高。

庭園裡有山櫻花，最大的好處自然是有鳥可賞，如果又種在窗前，就成了最佳的賞鳥地點。開花季節時，天色微亮就會聽到喧鬧的鳥鳴聲，那是成群的綠繡眼正在大開吸花蜜同樂會，吸飽了就呼嘯而去，換另一群綠繡眼上場。天亮之後，白頭翁也常在山櫻花樹上徘徊，不過以牠的體型和食量，山櫻花的花蜜應該只是聊勝於無的零嘴罷了。

開花季過後，山櫻的新葉萌發，此時的葉色是最美的，油亮嫩綠的葉片將山櫻妝點得容光煥發，而接下來的結果期更是許多山鳥期待已久的盛宴。山櫻的果實垂掛滿樹，由剛開始的黃轉紅，日日吸引成群的山鳥，是鳥兒喜愛的餐廳之一。每每看到小鳥狼吞虎嚥，讓我好奇山櫻的果實是何等美味，結果摘下熟果嘗嘗味道，卻是酸澀得難以下嚥，看來鳥兒和我們的味覺差異有很大的鴻溝。

家中這棵山櫻花，讓我印象最深的一件事是綠繡眼的築巢，而且牠的位置又剛好是很容易觀察的地方，於是不費吹灰之力，我可以親眼目睹孵卵、撫育幼雛直到離巢為止的完整過程，雖然時間很短，但這份天上掉下來的禮物讓我高興了好久。

【建議延伸閱讀：《台灣種樹大圖鑑》下冊P78~79】

山櫻花均為單瓣花朵，向下垂放。

冠羽畫眉也是櫻花花蜜的愛好者，常可見牠流連其中。

山櫻花生性強健，是許多山居人家必種的觀賞樹木。

Lesson

11

2月自然課堂。

油菜花田

油菜的花朵清楚地透露了它的身世，由十字型的四片金黃色花瓣，即可得知油菜是十字花科的一員，和蘿蔔、白菜、高麗菜是同一家族的成員。

黃澄澄的油菜花田是台灣農村冬天最美麗的景致之一，尤其盛花期多半正值農曆春節期間，不論是行駛高速公路或是鄉間道路，到處都看得到金黃的溫暖色調，為旅人或歸鄉的遊子心裡增添一絲暖意。

油菜是十字花科的蔬菜之一，原產於溫帶的歐洲及中亞一帶，種子可用來榨油或是餵食動物的飼料，同時也是一種冬天的葉菜類。不過台灣人似乎不太喜歡吃油菜，也可能是冬天葉菜類的種類原本就十分多樣，使得油菜一直未能受到青睞，也才造就了冬天油菜花田的特殊景觀。

大多休耕的稻田會在秋末冬初撒下油菜的種子，然後就任其生長，直到開滿金黃的十字型花朵。盛花期之後就是春耕季節的到來，稻農會把油菜花植株全部犁入田裡，以做為稻田的養分。

所以只要是台灣主要的產米區，不妨把握冬天休耕期間，好好欣賞一下美麗的油菜花田，否則進入春耕之後就再也看不到了。

2月自然課堂。

金銀花

金銀花的花朵成對綻放，花冠筒細長，唇形，上唇有四淺裂。雄蕊五枚，雌蕊的花柱稍長。

金銀花又叫做忍冬，是十分常見的觀賞植物，也是著名的中藥材。由於花朵初綻放時是白色，而後轉成金黃色，因此一植株上常常白花、黃花參差不齊，也才有了「金銀花」之名。

其實「忍冬」之名或許更為貼切，在冬末乍暖還寒的時節，籬笆上的金銀花早已不畏低溫，悄悄綻放容顏，為尚嫌蕭瑟的景致憑添幾許顏色。特別是金銀花為攀緣性植物，在陽光充足的一面盛放花朵，而且一開就是鋪天蓋地，煞是好看，還有微微的香氣，讓感官有了莫大的滿足。

金銀花的花期可長達四、五個月，每年清明節前後到端午之間是其盛花期，天天有花可賞，讓人目不暇給。在我住的新店山上社區裡，金銀花是相當普遍的圍籬植物，甚至有一些就在向陽的山坡地上落地生根。每回牽狗在社區散步，總愛細細欣賞每戶人家的植物，而金銀花的姿色可算是名列前茅，一點都不輸給園藝植物中的大家閨秀，如櫻花或梅花，金銀花還多了幾分野性美。

冬末時節的金銀花花苞。

金銀花花朵初綻放時是白色，而後轉成金黃色。

金銀花又叫做忍冬，是十分常見的觀賞植物，也是著名的中藥材。

Lesson

13

100 Lessons Of
Taiwan's Urban Nature

2月自然課堂。

家八哥與八哥

家八哥是原生於亞洲的鳥類，由於對環境的適應力強，飼養容易，加上模仿聲音的能力也很強，因此成為頗受歡迎的寵物鳥而引薦到世界各地。牠們來到台灣之後，部份逸出而在野外落地生根，甚至對台灣原生的八哥產生排擠效應，如今都市環境幾乎已成為家八哥的天下，即使是高度人工化的環境，家八哥也適應良好，常常看到牠們在行道樹及安全島間呼嘯而過，而且一點都不怕人，還會模仿其它鳥類的鳴聲，讓人啼笑皆非，堪稱是鳥類中的大頑童。

反觀台灣原生的八哥，長相不凡，全身漆黑，頭頂額部羽毛豎成羽冠狀，頗有王者之相，由於具有模仿人類說話的能力，過去常有幼鳥被捉來飼養以販售牟利。幸而台灣保育觀念的進步，使得野鳥的販售已大幅減少，但八哥卻面臨另一種挑戰，即與外來種八哥的生存空間之戰。

外來種的家八哥眼睛四周有黃斑，體色為深褐色，飛行時會露出翼上與尾羽的白斑。

以目前的狀況而言，平地的都會空間似乎以外來的家八哥最佔優勢，八哥則退守至鄉間的農田、竹林、疏林或開闊地帶，但長期而言依然需要持續監測這些外來種八哥對八哥的生存影響。

台灣原生的八哥，長相不凡，全身漆黑，頭頂額部羽毛豎成羽冠狀，頗有王者之相。

Lesson 14

100 Lessons Of

2月自然課堂。

紅楠的冬芽與新葉

紅楠的冬芽十分特殊，由鱗片葉以覆瓦方式包覆而成，可以緊密保護冬芽，免於被昆蟲或病菌、低溫所害。這些肥大的冬芽看起來神似小小的豬蹄，所以紅楠又被稱為豬腳楠。

每年早春，台灣低海拔山區最醒目的景致之一，即紅楠的鮮紅新葉，特別是剛萌發的幾天，滿樹嫩紅的新葉，比花朵還美。

紅楠是台灣低海拔山區的優勢樹種之一，在我居住的新店山區附近，到處可見紅楠及其它楠木的蹤影，很多都相當高大挺拔，顯見歲月久遠，幸而這些楠木在社區開發過程都被保留下來，如今我們也才能年復一年欣賞紅楠美麗的冬芽與新葉。

楠木的外觀很類似，但只要看到紅楠的肥大冬芽，大概就可確定其身份。紅楠的冬芽是冬末早春的重要景致之一，值得細細觀察。冬芽外面覆蓋了嚴密的覆瓦狀鱗片葉，這種變態葉的功能是為了保護珍貴的冬芽，以熬過寒冷的冬天，同時避免幼嫩的葉芽流失水分，或是遭昆蟲啃食。

隨著氣溫逐漸回昇，休眠的冬芽開始有了變化，芽的頂端變得更紅，然後鮮紅醒目的新葉伸出，伸展的新葉顏色也會逐步加深，整個過程的變化十分好看，也常有人誤以為是紅楠開花。

其實紅楠開花是新葉完全長出之後，幾乎都轉變成正常的綠色之後，頂端的枝條才會冒出一叢叢黃綠色的圓錐花序，從3月一直到4月間都看得到紅楠開花。不過紅楠的花並不顯眼，反而比較像是長新葉，看來紅楠喜歡顛覆我們對植物的既定想法，才會讓新葉比花美，以混淆視聽。

紅楠的新葉長出轉變成綠色之後，頂端的枝條才會冒出一叢叢黃綠色的圓錐花序。

【建議延伸閱讀：『台灣種樹大圖鑑』上冊P154~155】

許多公園都有種植紅楠，是值得仔細觀察的特殊樹種。

紅楠的冬芽看起來神似豬蹄，所以又被稱為豬腳楠。

Lesson 15

2月自然課堂。

通泉草的訊息

通泉草的花冠唇形，上唇瓣比較小，只有下唇瓣的一半大小，下唇瓣是整朵花的視覺焦點，內側有兩條黃色毛狀鱗片。

通泉草開花集中，數量又多，讓春天的草地美麗起來。

看到通泉草在草地上綻放，就知道春天到了。

通泉草為唇形花冠，在陽光照射下顯得十分特出。

自從搬到新店山上之後，每年冬天的日子大多是又濕又冷，而戶外的植物景致也是既蕭條又單調，直到有一天在公園的草地上看到一朵朵紫色的通泉草小花冒出頭來，我就知道春天到了。

通泉草沒開花之前，它就像是草地上的隱形植物，綠油油一片，根本分不清通泉草在哪裡。但只要是開花的時候一到，鮮明的藍紫色花朵在草地上格外出衆，花朵雖小，但開花集中，加上數量又多，遠遠望去就像是草地上的繁星點點，非常漂亮，是早春最吸引人的野花景致。

十多年來通泉草幾乎都是準時報到，但近年來的暖冬打亂了它們的節奏，有些早早在12月就開了花，誤以為是春天來報到，但突如其來的寒流往往讓嬌嫩的花朵承受不了。反而到了春天的盛花期，也開得七零八落，沒有往年的榮景，看來植物也得要因應氣候的大變化，否則真不知道會有什麼樣的改變。

不過草地上的通泉草依然是我的最愛之一，尤其這個時候氣溫逐漸回暖，在耀眼的陽光下欣賞整片的通泉草紫色花海，是人生一大樂事。只不過這樣的美景常被社區定期除草的作業破壞無遺，毀於一旦，幸而有些偏僻的山坡地，除草作業沒有那麼勤快，反而成為我欣賞春天野花的私房角落。

【建議延伸閱讀：『台灣野花365天』秋冬篇P165】

通泉草的花朵很小，但模樣十分特殊，大大的下唇瓣裡的黃色毛狀鱗片是它的一大特徵。

築在樹上的舉尾蟻巢是台灣低海拔山區最常見的螞蟻聚落，主要築巢材料包括植物纖維或碎屑，為了讓蟻巢穩定堅固，築巢的位置多半在樹枝的分岔處。

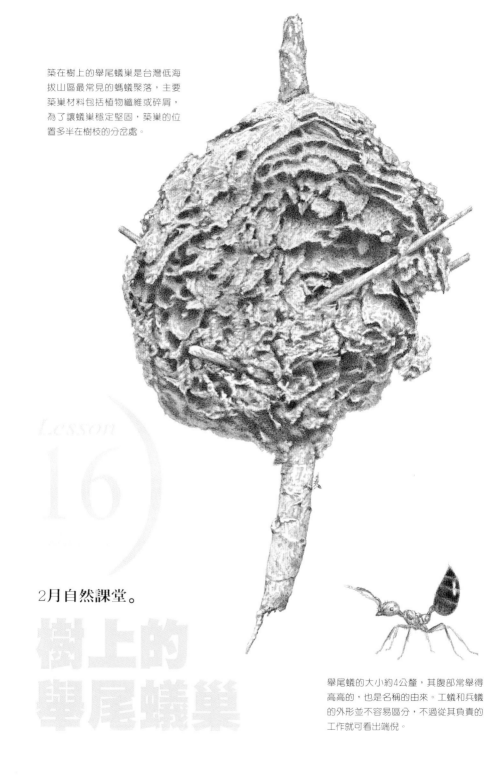

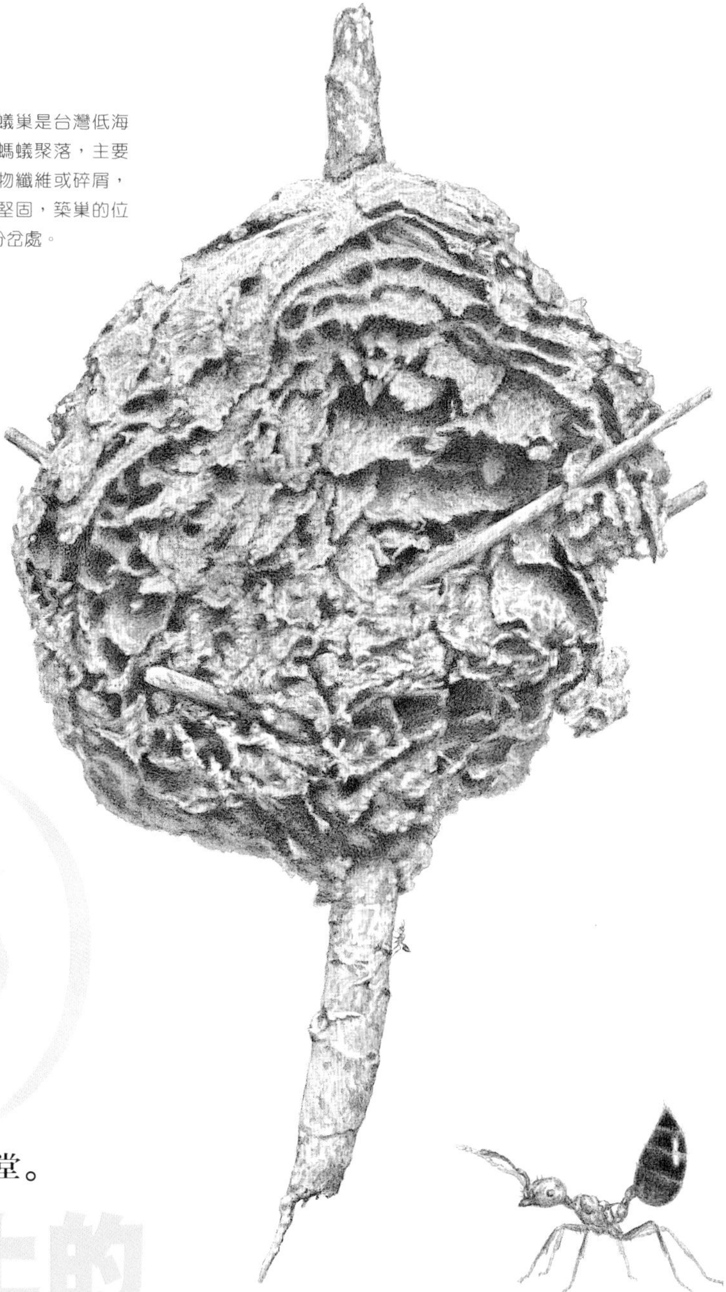

Lesson 16

2月自然課堂。

樹上的舉尾蟻巢

舉尾蟻的大小約4公釐，其腹部常舉得高高的，也是名稱的由來。工蟻和兵蟻的外形並不容易區分，不過從其負責的工作就可看出端倪。

舉尾蟻巢的剖面，可看出每一室並非規則的形狀，有大有小，由工蟻負責整個蟻巢的維護工作。

螞蟻是大家熟悉的昆蟲之一，尤其牠們的社會性生活習性一直是吸引生物學家研究的熱門主題。對一般人而言，螞蟻一點都不陌生，但也很陌生，因為不會有人不認得螞蟻，不過也僅止於此，我們對螞蟻的生活還是所知有限。

就拿樹上的舉尾蟻巢來說，我就一再聽到許多人將其誤以為是蜂巢，而恐懼害怕。其實舉尾蟻巢在台灣低海拔山區到處可見，數量之多，讓人想看不到也難。一大團圓球狀的巢包覆著樹幹枝條的分岔處，遠觀會以為是用土築成的，其實那些材料大多是植物的纖維與碎屑，因此也可以說舉尾蟻巢是紙做的，只不過這個紙做的巢可是十分牢靠，不論刮風下雨都絲毫不為所動，堪稱是紙製品之最。

舉尾蟻巢內最忙碌的要算是工蟻，負責所有的勞動工作，既要整理內務，維持蟻巢的清潔，還要照顧卵、蛹及幼蟲，同時晚上還要離巢覓食，再回巢餵食蟻后和幼蟲。特殊的是，舉尾蟻巢內看不到儲存的食物，因為工蟻找到的植物種子或昆蟲幼蟲，並不像其它螞蟻會把食物拖回巢裡，而是直接吸取食物的汁液，回巢後才會吐出。

兵蟻負責蟻巢的保護和防衛，如果太過靠近蟻巢，難免會被憤怒的兵蟻攻擊。幸而舉尾蟻巢大多高掛樹上，過著與世無爭的生活，一般人被誤螫的機會幾乎是沒有的。

舉尾蟻在樹上的巢常被誤認為蜂巢。

群聚在樹葉上覓食的舉尾蟻。（楊維晟攝）

3月 MARCH
自然課堂。

100 Lessons of Taiwan's
Urban Nature

Lesson 17

3月自然課堂。

家燕築巢

家燕的巢是開口向上的碗狀泥巢，直接固定在建築物上，幼鳥的胃口就像無底洞般，只要看到親鳥飛回巢裡，馬上張大黃口，嗷嗷待哺。

家燕的外側尾羽很長，呈深叉狀，是牠的重要特徵。

家燕屬於過境鳥，每年早春來到台灣，在此產卵，撫育下一代，直到中秋節前後離開，集體飛往菲律賓一帶過冬，等到隔年春天回暖之後再回到台灣。

每年只要看到家燕快速穿梭的身影，就會知道春天來了。

台灣城鎮的商店街騎樓是家燕最愛的築巢地點，走在「亭仔腳」，抬頭看總不難發現家燕的泥巢。

好玩的是，台灣人似乎很歡迎家燕築巢，據說意味著家業興旺，但頭頂有鳥巢，路過的客人難免會遭鳥糞殃及，於是每個商家都各出奇招，有的訂製特殊的木架承接鳥糞，有的挖掉天花板，還有的家燕築巢在騎樓的燈座上，於是晚上都不開燈，以免干擾家燕。這些景致讓人百看不厭，家燕和台灣人共處同一屋簷下，完全驗證了與大自然和諧共存的可能性。

家燕的巢是開口向上的碗狀泥巢，直接固定在建築物上，築巢時公母家燕一起來回尋覓濕泥，大概要一個禮拜左右才會完成。

每一窩約有4至5個蛋，公母家燕輪流孵蛋，大概兩週左右即可看到雛鳥破殼而出。接下來兩個月是最辛苦的階段，公母家燕輪流出外覓食，哺育幼鳥，幼鳥的胃口就像無底洞般，只要看到親鳥飛回巢裡，馬上張大黃口，嗷嗷待哺。於是只見家燕馬不停蹄，飛進飛出，好不辛苦，只有炎熱的中午時分停棲在巢的附近，稍事休息。

欣賞家燕，觀察家燕的求偶、繁殖、育雛到小鳥離巢單飛，整個過程就在你我的身邊，不需遠求，也不用探險，這是多麼幸運的事，而且最棒的是年復一年，家燕一定準時來報到。

公母家燕會輪流出外覓食，哺育幼鳥。

家燕的泥巢常常築在人來人往的騎樓下。

Lesson

18

100 Lessons of
Taiwan's Urban Nature

3月自然課堂。

愛騙人的斯文豪氏赤蛙

背部薦骨特別突出，是斯文豪氏赤蛙的特徵之一。

斯文豪氏赤蛙多半喜愛在溪流或溝渠的環境活動，趾端膨大的吸盤，可不要把牠們誤以為是樹蛙。

春天天氣逐漸回暖之後，在社區的步道上散步，旁邊的溝渠會不時會傳來一聲「啾」的聲音，記得以前第一次聽到時，還以為有小鳥掉到水溝裡，後來才知道原來是斯文豪氏赤蛙的奇特聲音。學會辨識牠們的聲音之後，再也不會受騙上當，不過這門課對賞蛙的人是入門的必修課程。

雖然斯文豪氏赤蛙的聲音很容易辨認，但牠們行蹤相當隱匿，想要看到其廬山真面目，難度相當高。但在每年2月到10月之間的繁殖期間，斯文豪氏赤蛙可是叫得十分勤快，連少有蛙叫的大白天裡也會叫，也難怪許多人都誤以為是鳥叫聲而拼命找鳥。

斯文豪氏赤蛙的身體顏色變異很大，增加了辨識的難度，但大多還是綠色、褐色或兩色交雜，其趾端膨大呈吸盤狀，非常適合在溪澗的環境中活動，牠們也是赤蛙科的蛙類當中吸盤特大的種類，常被誤認為樹蛙。

斯文豪氏赤蛙的雌蛙會選擇溪水流速緩慢的淺水區域產卵，常產在石頭底下或石縫之間，產卵數約為數百顆之多。由於這些產卵地帶通常相當陰暗，所以斯文豪氏赤蛙的卵為白色，不具有防止紫外線的黑色素。

斯文豪氏赤蛙是台灣的特有種蛙類，下次在野外的溪澗或溝渠旁聽到牠們「啾、啾、啾」的聲音，千萬不要再忙著找鳥了。

【建議延伸閱讀：『台灣賞蛙記』P88~89】

褐色型的斯文豪氏赤蛙。

綠色型的斯文豪氏赤蛙。

Lesson 19

3月自然課堂。

紫色花海的苦楝

苦楝的花期約在每年的3~4月間，複總狀花序，花朵多數密生，淡紫色，有花香，會吸引蜜蜂。

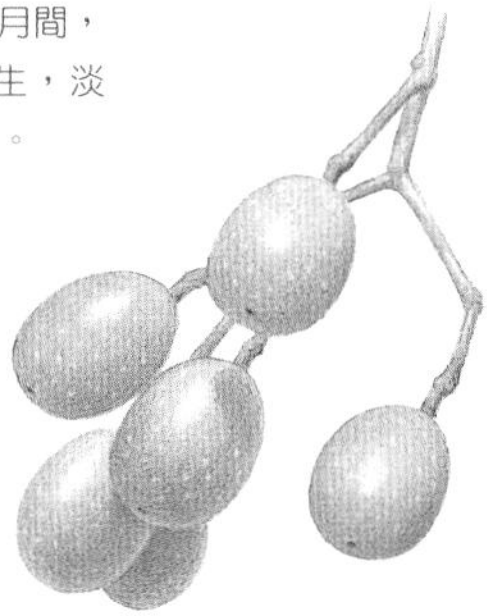

苦楝的果期在每年的5~10月間，果皮由綠轉成黃色即成熟，果實數量很多，吸引許多鳥類前來取食，是野鳥喜愛的餐廳之一。

苦楝樹白中帶紫的花朵散發出一種獨特的清新優雅。

不怕豔陽的苦楝樹常生長在河堤、田野等空曠環境。

苦楝的姿色在台灣的本土樹種當中可算是一流的，但卻因為名稱裡的「苦」字讓它吃了不少虧，以致始終未能得到人們的青睞。其實這個「苦」是源自其木材的苦味，據說可以防蟲，所以以前的櫥櫃箱子都很喜歡用苦楝的木材製成。

就觀賞性而言，苦楝可是一點也不輸給櫻花或梅花，但台灣人的忌諱根深柢固，絕對不會在家裡栽種苦楝，深怕噩運上身。因此苦楝的身影多半是孤伶伶地佇立在農田旁或溪邊，離住家總有一段不小的距離。

其實苦楝一年四季的風貌既豐富又多變，每一季節都值得細細欣賞。暖春三月，原本蕭瑟光禿的枝條嫩葉齊放，同時淡紫色的花朵也開得滿滿的，滿樹的粉紫嫩綠在春風中搖曳生姿，是苦楝最美的模樣，如果再加上濛濛細雨，美得格外空靈脫俗，還讓人多了一些想像空間。

夏天的苦楝熱鬧非凡，樹枝上多的是知了和蟬蛻，可以在樹下消磨漫漫長日。秋天的苦楝葉子變黃脫落，黃熟的果實露了出來，大批飢腸轆轆的野鳥經常光臨苦楝，這裡是牠們最愛的餐廳之一，守在苦楝樹附近，不難看到白頭翁、五色鳥、紅嘴黑鵯等取食的畫面。

雖說苦楝很少栽植在住家的庭院中，卻曾在天母的一處老宅院裡看到一棵老苦楝，其年歲頗大，樹冠飽滿，幾乎覆蓋整個庭院，真的美極了。苦楝的美吸引了西方人，英國人早在17世紀就將苦楝引進，而美國也在18世紀將其引進而成為很受歡迎的庭園觀賞樹。在台灣備受冷落的苦楝卻在異國土地上找到新的天地。

【建議延伸閱讀：《台灣種樹大圖鑑》下冊P16-17】

到了苦楝開花的季節，淡紫色的花海是春天的風景。

苦楝的果實常常吸引大批野鳥來大快朵頤。

Lesson 20

100 Lessons of Taiwan's Urban Nature

3月自然課堂。

燃燒火燄的木棉

木棉的花朵碩大，單生葉腋或頂生，花色由橘紅至橘色都有，雄蕊多數。

蒴果成熟後開裂，內有長絹毛，黑色種子多數，隨著棉絮飄散飛行，是十分典型的風媒種子傳播方式。

木質蒴果呈橢圓形。

木棉和苦楝一樣，都是我偏愛的樹種之一，但它們兩者的魅力卻是截然不同的。木棉的美是陽剛的，不論是開花的方式或是花朵與枝條的對比，都是充滿力量的陽剛之美，而苦楝則是婉約的女性之美，充滿溫柔空靈的想像空間。有趣的是，它們都在春天開花，讓台灣的春天美得讓人目不暇給。

木棉是在17世紀時由荷蘭人引進台灣，爾後又陸續由華南地區引進栽培。一開始是著眼於木棉果實內的棉毛纖維，但還是競爭不過便宜的棉花，於是產量日減，而轉身變成觀賞樹種。每年初春時分光禿的枝條開出一朵朵碩大的橘紅色花朵，彷彿燃燒的火燄般，點亮了城市的街道，木棉的美深受人們喜愛，台中縣和高雄市都將木棉選為縣樹和市樹。

木棉的名稱來自其木質蒴果內的細柔棉毛，每當果實成熟時會開裂，裡面的棉絮便隨風飄蕩，煞是美麗，只是過敏體質的人可能就無福消受，最好還是要避開木棉棉絮飄揚的季節。

木棉開花期間也成了野鳥喜愛造訪的食堂之一，常見綠繡眼、紅嘴黑鵯忙著穿梭其間，吸食木棉的花蜜。曾在金門的金城鎮老街裡的總兵府內看到一棵三、四層樓高的木棉老樹，樹冠十分壯觀美麗，讓我留下了難以磨滅的美好印象。

很多地方都種植木棉當行道樹，春天開花時一片花海。

麻雀穿梭木棉花間吸食花蜜。

春天常常可以看到落了一地的木棉花。

木棉花碩大的橘紅色花朵，彷彿燃燒的火燄。

【建議延伸閱讀：『台灣種樹大圖鑑』下冊P50~51及『台灣賞樹情報』】

Lesson 21

3月自然課堂。

春天草地小野花

春天的信息，野花最知道。氣溫一天天回暖，草地上的小野花一一冒出頭來，彷彿告訴我們：春來了。這樣清楚的訊息年年周而復始，但因為小野花的個頭實在很小，很容易就被忽略了。

春天草地的小野花種類繁多，包括黃鵪菜、兔兒菜、黃花酢醬草、蛇莓，紫色花的通泉草、紫花酢醬草，這些小不點把嫩綠的草地點綴得熱鬧極了，想要欣賞它們，得趴下身體，最好和這些小野花同一水平高度，才能仔細觀察體會。如果執意維持人類的高度，恐怕只會視而不見。

像是菊科的黃鵪菜、兔兒菜，原本藏身於綠色草地裡，春天一到，馬上抽出一朵朵典型的菊科花朵，這時才赫然發現它們的身影。短短的時間內它們開花結果，忙著繁衍下一代，不妨仔細觀察它們的花朵和果實。

另一種春天草地裡的小精靈就是蛇莓，開完花後馬上結出紅通通的果實，數量又多，讓草地變得美麗極了。蛇莓的果實雖小，不妨嘗嘗看，酸酸的味道談不上美味，但蛇莓的果實應是許多昆蟲在春天的重要食物來源之一。還有酢醬草的葉片是許多小朋友熟悉的玩伴，俗稱霸王草，為春天增添了許多樂趣和回憶。

【建議延伸閱讀：《台灣野花365天》春夏篇】

兔兒菜全株光滑無毛，莖葉帶有粉綠色調。

紫花酢醬草的花朵是春天野地的豔麗色彩。

蛇莓開完花後馬上結出紅通通的果實。

黃鶴菜、兔兒菜均是春天野地裡最常見的菊科野花，還常跟紫花酢醬草混生一處，構成黃色與紫色的野花美景。

小小的蛇莓和黃花酢醬草是春天野地裡的小不點。

Lesson 22

100 Lessons of Taiwan's Urban Nature

3月自然課堂。

綠鳩的呼喚

綠鳩是體型頗大的鳩鴿科野鳥，一身橄欖綠，隱身枝葉間並不容易被發現。幸而其鳴聲頗具特色，不僅大聲又傳得遠，是低海拔山區冬春間的重要自然景致。

第一次在住家附近的公園聽到綠鳩的呼喚，覺得像是有點淒涼的笛聲，尤其是在寒意頗重的清晨及傍晚，聽起來格外有感觸。但常常聆聽之後，慢慢覺得綠鳩的呼喚在低海拔的闊葉林中是重要的利器。

綠鳩生活的環境多半是植被茂密的森林，要尋找配偶的蹤跡不能只依賴視覺，聲音在林子裡可以達到更好的效果，特別是低沉的笛音更可傳遞至遠方。一聲聲呼喚，在我們耳中聽來是賺人熱淚的淒切笛聲，但牠想表達的恐怕是：「我已經準備好了，身強力壯，是最好的新郎⋯。」

綠鳩雖然多半在靠近山區的郊外才有機會遇到，但偶爾牠們也會飛到都市，特別是食物較稀少的冬季裡，有時也會在植被茂密的植物園或校園裡發現牠們的蹤跡，尤其是結果的樹上更容易看到牠們。

綠鳩藍紫色的眼睛與深藍色的嘴喙十分搶眼。

綠鳩被雀榕果實吸引，來到樹上大快朵頤。

綠鳩偶爾會到都市的公園綠地裡覓食，因此都會區裡也可以見到牠的身影。

3月自然課堂。

雀榕的新芽

雀榕落葉的枝條上會萌生新芽，肥厚的芽苞讓人期待，不少人還誤以為這是花苞。

芽苞綻放時，最外圍的白色苞片會先行脫落，在空中漫舞，更讓人誤認是雀榕開花的景致，直到幼葉展開後，才讓人恍然大悟原來是雀榕長新葉。

老葉落盡之後，長滿一樹新芽的雀榕。

雀榕保護新芽的白色苞片掛在樹上讓人以為是花辦。

雀榕是一種常見的桑科榕屬樹木，不論是公園或校園，都很容易看到雀榕，特別是一些雀榕的老樹更有可看性，除了雄偉伸展的樹姿外，每次更換新葉時，正是雀榕最美麗的面貌。

雀榕是落葉性的樹木，每年落葉的狀況不定，似乎和氣溫、雨量都有關係，同時台灣南北各地的雀榕也有差異，是值得進一步記錄觀察的現象。不過發現雀榕落葉後，要記得觀察接下去的變化，絕對會值回票價的。

雀榕的枝條上會萌生新芽，肥厚的芽苞讓人期待，不少人還誤以為這是花苞，尤其芽苞綻放時，最外圍的白色苞片會先脫落，在空中漫舞，更讓人誤認是雀榕開花的景致，其實這是自然界裡難得一見的樹葉華麗登場的演出，讓人印象深刻。

從雀榕的名稱即可看出其與鳥類的關係密切，雀榕的榕果碩大，加上結實數量又多，每到結果季節，雀榕就成了最受歡迎的野鳥食堂，不知養活了多少野鳥。想要賞鳥，就請鎖定結果的雀榕，一定可以收穫豐碩的。

【建議延伸閱讀：『台灣賞樹情報』】

雀榕是落葉性樹木，落葉前枝枒上會掛著一樹黃葉。

雀榕似花苞狀的新芽。

新葉要長出來之前，白色苞片會先行脫落。

Lesson

24

100 Lessons of
Taiwan's Urban Nature

3月自然課堂。

貓咪的房事

貓咪雖不是野生動物，但與人類維持著若即若離的關係，讓牠們始終保有一份野性，也因此都市中永遠看得到自食其力的野貓，在隱密的角落裡一代代繁衍成長。

貓咪的成長快速，大約六至八個月即可達到性成熟，此時母貓若有交配意願，牠會發出不同於平常的叫聲，也會散發出強烈的性費洛蒙，吸引公貓前來交配。發情季節裡，母貓的排卵分成許多次，因此即使是同一胎出生的小貓，也會有不同的公貓爸爸。

台灣由於氣候溫暖，貓咪的發情次數似乎不僅只有兩次，但春天還是發情的高峰期之一。春天的夜裡不時傳來淒厲的吼聲，多半是公貓正在為母貓大打出手，其實母貓的選擇似乎不全然是勝利者優先，有些慘遭滑鐵盧的公貓還是可以得到和母貓交配的機會，看來母貓的喜好還是有點自由心證的味道。

家裡養的貓咪為避免發情季節來臨的困擾，最好早日結紮，以絕後患。否則以貓咪繁殖力之強，恐怕難保不貓滿為患。

一到春天，公貓晚上常求偶打鬥，白天則是懶洋洋的。

都市的流浪貓常常趁著夜色掩護出外覓食。

貓咪生育力強，常可在街上看見母貓帶小貓的畫面。

貓咪常常躲藏在停車場等空曠的環境裡。

有些流浪貓喜愛在公園野地裡生活。

自然老師
沒教的事
Chapter 004

4月 APRIL
自然課堂。

100 Lessons of Taiwan's
Urban Nature

4月自然課堂。

台灣藍鵲

台灣藍鵲屬於雜食性，除了喜愛水果、漿果等果實之外，也會捕食青蛙、蜥蜴、昆蟲、蛇等動物，而且還有收藏食物的有趣行為，以備不時之需。台灣藍鵲捕到青蛇後，會先將蛇頭及前段身體、部份內臟吃掉，剩下的身體部份則撕成兩、三段，然後分別藏在不同的洞裡，藏食物時還會用落葉覆蓋，以免被其它動物發現。

台灣藍鵲又叫長尾山娘，是台灣特有種鳥類，也是珍貴稀有的保育種鳥類。牠們多半喜愛棲息在海拔1800公尺以下的森林，尤其是未遭破壞的天然闊葉林更是牠們的最愛，只可惜這樣的生活環境在台灣已經日益稀少，於是適應人為環境似乎也成了台灣藍鵲的新功課。

台灣藍鵲體型碩大，加上常常成群活動，又喜歡喧鬧，一旦發現牠們的蹤影，用肉眼即可好好欣賞，根本不用望遠鏡。全身上下除了頭頸胸部是黑色外，幾乎都是帶有金屬光澤的寶藍色，配上紅通通的嘴和腳，還有美麗的長尾巴，真可說是姿色不凡的野鳥，加上個性大膽不怕人，因此成了許多野鳥攝影者最愛的對象之一。

台灣藍鵲的活動、覓食或築巢都以家族為基本單位，育雛時還會出現有趣的幫手行為，即照顧幼雛除了親鳥之外，同一家族的年輕藍鵲也會一起幫忙，顯見台灣藍鵲的家族基礎相當穩固。台灣藍鵲的食物除了牠們喜愛的水果、漿果或堅果之外，也會捕食小動物，如蛙類、蜥蜴、昆蟲、蝸牛等，而且還有收藏食物的行為，以備不時之需。

台灣藍鵲有著超長尾羽，是姿色不凡的特有種鳥類。

台灣藍鵲的活動、覓食或築巢都以家族為基本單位。

台灣藍鵲的雛鳥有一大堆保姆幫忙照料。

記得一次造訪高雄縣六龜的扇平林業試驗分所，那裡有固定的台灣藍鵲家族，每天一大清早就到宿舍旁的木瓜樹報到，一家子吃木瓜吃得不亦樂乎，也讓我們大飽眼福。還有一次是新店的花園新城，一對藍鵲就在社區的楓香行道樹築巢育雛，當時還讓整個社區為之轟動，大家都呼朋引伴來觀賞，成為那段時間最重要的話題和活動。

我居住的社區雖然也在新店山區，但因人工化較嚴重，似乎還無法吸引台灣藍鵲造訪，只有一次驚鴻一瞥，在路燈上看到一對台灣藍鵲，但似乎只是短暫停留，之後不曾再看過。但願有一天我的社區也能逐漸恢復低海拔山區的自然樣貌，相信終能獲得台灣藍鵲的青睞。

【建議延伸閱讀：《野鳥放大鏡：衣食篇》】

Lesson 26

4月自然課堂。

盤古蟾蜍與黑眶蟾蜍

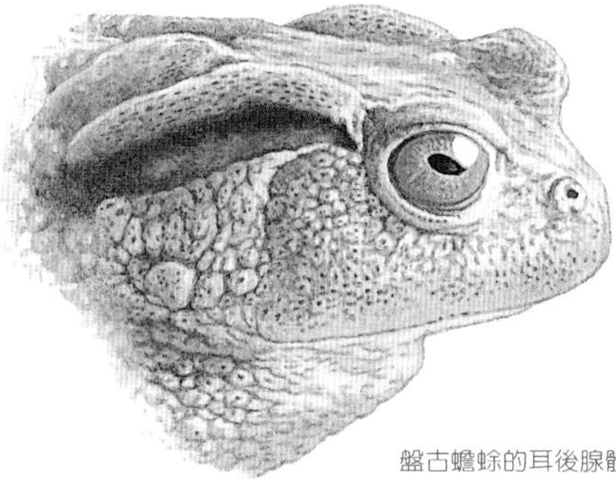

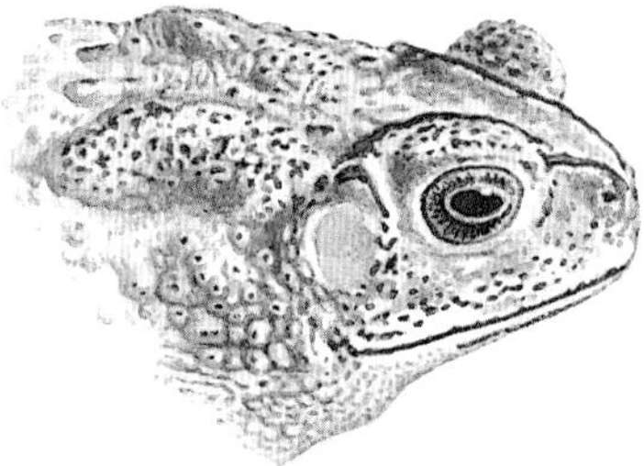

黑眶蟾蜍有黑色稜起的眼眶，
可和盤古蟾蜍清楚分別。

盤古蟾蜍的耳後腺體突出，
下方有黑褐色或棕色的線紋
延伸至腹部。

盤古蟾蜍的頭部無黑色線條和斑點。

黑眶蟾蜍的頭部有著黑色線條和斑紋。

台灣的蟾蜍科蛙類只有兩種，即盤古蟾蜍和黑眶蟾蜍，其中盤古蟾蜍還是台灣特有種。蟾蜍的外型和一般蛙類很容易區分，在眼睛後方有耳後腺，全身皮膚佈滿大大小小的疣，兩者都會分泌白色毒液，是蟾蜍的防身利器。

要分辨這兩種蟾蜍並不難，首先是體型的大小，盤古蟾蜍因天敵很少，常可發現大型個體，大至20餘公分長的盤古蟾蜍頗為常見，而黑眶蟾蜍就小得多，大多以10公分以下的個體居多。其次則是分佈區域，盤古蟾蜍的分佈很廣，從平地到兩、三千公尺的山區都有，而黑眶蟾蜍則以平地為主，頂多到低海拔500公尺以下的山區。最後則是兩者的繁殖期也有所不同，盤古蟾蜍的繁殖以秋冬季為主，即每年的9月至隔年的2月，而黑眶蟾蜍則是春夏季的3至9月，剛好完全錯開。

至於外型上的辨識，最簡單的就是黑眶蟾蜍的眼睛四周有黑色稜起，看起來就像戴著一副時髦的黑框眼鏡，而盤古蟾蜍則沒有，因此很容易分辨兩者。盤古蟾蜍的明顯特徵就是飽滿的耳後腺，下方還有黑棕色的線紋標記，成為最容易的辨識重點。

蟾蜍一般行動緩慢，多以爬行為主，偶爾輔以短距離的跳躍。牠們只有在繁殖季才會來到水邊，一般都在陸地活動，尤其下過雨的夜晚更容易看到牠們出來覓食。在我居住的社區，因屬低海拔山區，所以看到的幾乎都是盤古蟾蜍，由於行動緩慢，又愛在社區道路上閒逛，因此常成為車輪下枉死的犧牲者。

【建議延伸閱讀：《台灣賞蛙記》P130~131及P150~151】

黑眶蟾蜍在繁殖季會到水塘、溼地中求偶。

樣貌可愛的盤古蟾蜍常常出現在柏油路上覓食。

正準備產卵的盤古蟾蜍（上雄下雌）。

台灣鬥魚通常由雄魚在水面上築好泡巢，雌魚將卵產於泡巢內，然後就由雄魚保護直到幼魚孵化為止。

台灣鬥魚雌魚的尾鰭較雄魚短。（左雄魚，右雌魚）

從水面上看雄鬥魚為產卵所築的泡巢。

Lesson 27

4月自然課堂。

台灣鬥魚與大肚魚

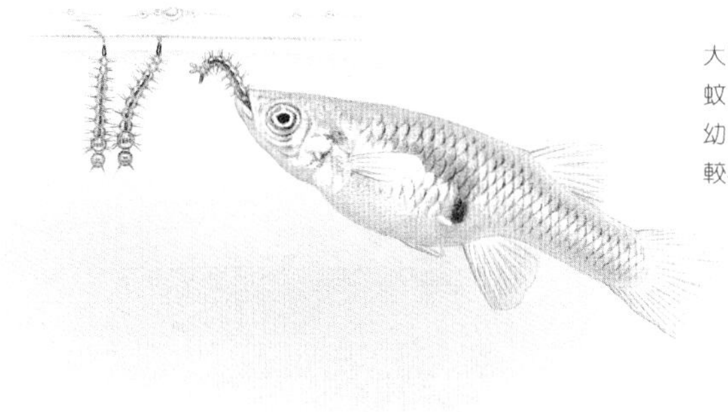

大肚魚原產於北美洲，又名食蚊魚，多以水生昆蟲及蚊類的幼蟲〔孑孓〕為食，通常雄魚較為瘦小，雌魚則大腹便便。

第一次對鬥魚產生興趣，大概是在高一時讀了『所羅門王的指環』，勞倫茲博士對於鬥魚的繁殖行為描述得非常有趣，當時就暗下決心，有機會一定要養鬥魚，以親眼目睹雄魚築巢護幼的行為。只是水族館販售的都是一隻隻顏色鮮豔的泰國鬥魚，雄魚的觀賞價值高，但完全沒有雌魚的蹤跡，於是小小的心願始終未能得償。

多年以後友人送給我幾隻台灣鬥魚，才終於得償夙願。台灣鬥魚的正式名稱應是「蓋斑鬥魚」，台語稱之為「三斑」，而水族業者則多半稱為「彩兔」。由於蓋斑鬥魚原生於台灣的池塘、溝渠、水田或湖泊，這些原生環境不是大為萎縮，就是污染嚴重，以致以前到處可見的蓋斑鬥魚，現已成為保育類淡水魚種。

台灣鬥魚的飼養容易，雄魚外型美觀，一點都不輸給觀賞的泰國鬥魚。當雄魚成熟可繁殖時，其體色愈發鮮豔，全身暗紅色，有藍青色橫帶約十條，尾鰭末端更延長為絲狀。通常由雄魚在水面上築好泡巢，雌魚將卵產於泡巢內，然後就由雄魚保護直到幼魚孵化為止。這個過程非常有趣，加上飼養容易，推薦給喜愛小動物的大小朋友。當然家裡若有小水池或池塘，可以放一些鬥魚或大肚魚，不僅照顧容易，也可防止蚊蟲滋生。

大肚魚原產於北美洲，又名食蚊魚，早在1913年即引進台灣，對環境的適應力極強，也耐污染，即使是低溶氧的水域環境也有辦法生存，多以水生昆蟲及蚊類的幼蟲（孑孓）為食，通常雄魚較為瘦小，雌魚則大腹便便，和其名稱十分吻合。當初引進大肚魚應是為了控制蚊類為害，但牠們強悍的生存能力，快速擴展至全台灣的水域，結果導致台灣原生的青鱂魚幾乎滅絕。

由台灣鬥魚和大肚魚的例子，剛好可以看到原生淡水魚種和外來魚種的變遷，讓人不勝唏噓。

【建議延伸閱讀：《台灣淡水魚蝦生態大圖鑑》下冊】

大肚魚雄魚較為瘦小，雌魚則大腹便便。

Lesson 28

4月自然課堂。

麗紋石龍子

麗紋石龍子的背部底色為褐色或灰褐色，幼蜥的特徵如背部金線和尾部的寶藍色變得較不明顯，成蜥的頭部和身體兩側有紅色斑。

麗紋石龍子應該可以算是台灣最為常見的蜥蜴之一，也是分佈最廣且數量最多的種類。有趣的是，讓人印象深刻的反倒是幼年期的麗紋石龍子，其體背具有閃閃發亮的五條縱行金線，還有耀眼金屬光澤的寶藍色尾巴，讓人一眼就認出，而且幾乎不可能錯認。反觀成年後的麗紋石龍子就變得平淡許多，外型既不搶眼，也沒有特殊的色彩，野外目擊的機會似乎少得多。

麗紋石龍子的幼蜥十分常見，尤其是溫暖有陽光的日子，走在野花野草叢生的步道階梯上，不經意就碰到牠，眼前倏忽閃過一條寶藍色的尾巴，那種光澤和色彩在陽光下真是美極了，比任何寶石還有吸引力。

麗紋石龍子的移動能力很好，每次遇見牠們總是一溜煙就不見了，其實牠們爬行時和我們走路的方式有點雷同，即左前腳與右後腳一組，而右前腳與左後腳為另一組，兩組交替快速向前進。

麗紋石龍子的幼體有著寶藍色的尾巴，十分容易辨認。

【建議延伸閱讀：『台灣蜥蜴自然誌』P78~79】

Lesson

29

100 Lessons of Taiwan's Urban Nature

4月自然課堂。

油桐花季

油桐於春夏4至5月間開花，花朵有白色花瓣五片，花筒中心紅褐色，有淡淡的香氣。

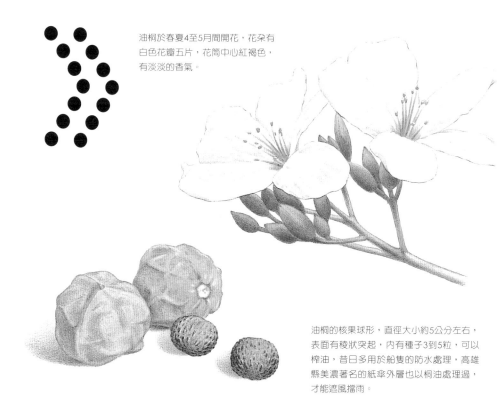

油桐的核果球形，直徑大小約5公分左右，表面有稜狀突起，內有種子3到5粒，可以榨油，昔日多用於船隻的防水處理，高雄縣美濃著名的紙傘外層也以桐油處理過，才能遮風擋雨。

每年4月到5月之間，原本一片新綠的山野開始出現一團團雪白的景致，提醒著人們「油桐花季」又到了，是台灣低海拔山區的春天主景之一，尤其是滿樹雪白慢慢蔓延開來，才驚覺原來油桐之多，幾乎可說是滿山滿谷。

油桐其實並不是台灣的原生樹種，大約在1915年日治時代才引進栽培，當時著眼點是為了木材和桐油的生產，其木材質料輕盈，雖較不耐用，仍可製作木屐和火柴棒，而桐油則是早期造船不可或缺的防水材料，因此油桐才會在台灣低海拔山區普遍栽植。

如今事過境遷，物換星移，油桐早已從林業生產的一員功成身退，同時也在低海拔山區落地生根，每年客家委員會和許多縣市都會推出「桐花季」活動，結合賞花和客家聚落活動，總吸引許多都市人走到戶外欣賞「五月雪」的丰采。

走在油桐樹下，白色的花瓣無聲無息飄落身旁，親身感受一下這場五月雪，讓自己的身心在美的氛圍裡舒展開來，其實何須遠求，這樣的美景比起日本的櫻花也絲毫不遜色的。

【建議延伸閱讀：『台灣種樹大圖鑑』下冊P6~7】

落在水裡的油桐花富有另一番詩意。

白色花瓣配上紅色花心是油桐花的特徵。（汪素娥攝）

何須遠求，油桐落花猶如遍地白雪的美景，比起日本的櫻花也絲毫不遜色。（汪素娥攝）

相思樹的葉片是由葉柄演化成的鐮刀狀假葉，這種變態葉的水分蒸散作用緩慢，有利於對乾旱環境的適應。金黃色球形小花簇生於葉腋，盛開時滿樹金黃，頗為壯觀。

Lesson 30

4月自然課堂。

相思樹與木炭

相思樹是台灣低海拔山區的主要樹種之一，加上過去和人們的日常生活密切相關，以致幾乎沒有人不知道相思樹。其實相思樹在台灣的原生地原本只局限於恆春半島，屬於耐旱、防風的熱帶樹種，日治時代因燃料的需求，木炭的生產持續上揚，為了提供足夠的相思樹木材以製作木炭，於是在全台灣的低海拔山坡普遍栽植，才造就了今天到處可見的相思樹林。

每年4月開始，原本平淡無奇的相思樹開始染上一頭金黃，為春天的景致憑添多采的色彩，尤其此時通常也是油桐花季，於是滿山滿谷的雪白與金黃，相映成趣，堪稱是低海拔山坡最具觀賞性的季節。

仔細端詳相思樹，原來滿樹金黃的花朵卻是小得離奇，一朵朵小球狀的金黃色小花，簇生於葉腋，由於數量極多，才能造就視覺上的極大效果。這些小花盛放時會釋出氣味，有人說是微香，但每當我走過開花的相思樹林，撲鼻而來的卻是股酸味，很難形容這種氣味，不過並不是惹人厭的味道。

相思樹林是人造的純林景觀，如今木炭的生產早已功成身退，歸化低海拔山坡的相思樹林如今也開始加入自然演替的一環，當其達到自然壽命120年之後，衰老的相思樹將由原本低海拔的主要樹種所取代，例如樟樹和楠木等，於是台灣低海拔的景致又將逐漸恢復原貌。

【建議延伸閱讀：『台灣種樹大圖鑑』下冊P14~15】

相思樹的金黃色小花，帶有一股淡淡的特殊氣味。

相思樹一朵朵小球狀的金黃色小花，簇生於葉腋。

相思樹的細長假葉形態非常好辨認。

30

楓香的新葉。

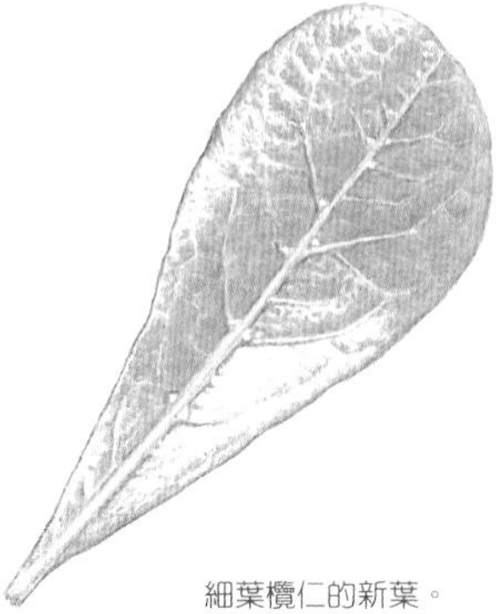

細葉欖仁的新葉。

4月自然課堂。

行道樹的新葉

樟樹的新葉。

每年3月、4月是欣賞樹木新葉的最佳時機，即使是在都會裡，季節的腳步一樣不曾停歇，時候到了，長新葉、開花、結果、落葉飄零，一個都不少，尤其是在我們身旁的行道樹，更是最好的欣賞對象。

以台北市的行道樹而言，春天新葉最有看頭的當屬楓香、樟樹和細葉欖仁。辦公室旁敦化南路有整排的樟樹，是賞葉的好去處，尤其這裡的安全島既寬敞又舒適，漫步樟樹林下，抬頭仰望新長出的嫩葉，特別是成葉與幼葉的對比，形成極富層次的綠。

楓香的新葉剛萌發時是鮮紅色，此時葉綠素尚未形成，接受陽光洗禮後，很快轉成稚嫩的鮮綠色，是最美麗的綠色，尤其一整排高大的楓香，全部換上鮮綠的外衣，是視覺上極大的饗宴。

至於細葉欖仁的新葉，其實吸引人的並不是葉片的姿態或色彩，反倒是原本挺拔光禿的枝條，突然抹上新綠，讓剛硬的樹木線條，多了幾分柔美和表情，也是這個季節裡值得好好欣賞的樹木之一。

【建議延伸閱讀：『台灣賞樹情報』】

經過陽光照射，細葉欖仁的新葉更顯得翠綠。

細葉欖仁嫩綠的新葉傳遞著春天的訊息。

春天一到，一整排高大的楓香，全部換上鮮綠的外衣。

春天的樟樹開始長出新葉，在陽光下，透出嫩綠的色彩。

Lesson

32

100 Lessons of
Taiwan's Urban Nature

4月自然課堂。

杜鵑花季

杜鵑花是大家熟悉的觀賞花卉之一，也被台北市選為市花，因此城市裡幾乎到處可見，不論是校園、公園或安全島上都少不了杜鵑花。台灣最高學府的台灣大學也素有「杜鵑花城」之稱，椰林大道上的杜鵑花叢，每到花季總是開得燦爛無比，也吸引許多人到此一遊。

其實大家熟悉的杜鵑花大多是園藝品種的平戶杜鵑，其花色繁多，加上開花整齊，栽植容易，因此成為栽培杜鵑的主要品種。事實上，台灣還有許多原生的杜鵑種類，如金毛杜鵑、埔里杜鵑、紅毛杜鵑、烏來杜鵑和玉山杜鵑等，都是頗富姿色的原生花卉，只可惜原生地的大規模破壞，讓滿山遍野的杜鵑開花美景，只有在人跡罕至的高海拔山區才看得到，而且時間稍晚，大約都是集中在高山地區的夏天。

【建議延伸閱讀：『台灣種樹大圖鑑』下冊P52~55】

花色多變而美麗，且栽植容易，在很多公園可以看到。

每到杜鵑開花的季節，各色各樣的花朵讓人目不暇給。

原生於高海拔山區的紅毛杜鵑，是台灣原生種的杜鵑花。

自然老師
沒教的事
Chapter 005

5月 MAY
自然課堂。

100 Lessons of Taiwan's
Urban Nature

Lesson 33

100 Lessons of Taiwan's Urban Nature

楊梅的雌花序單生於葉腋。

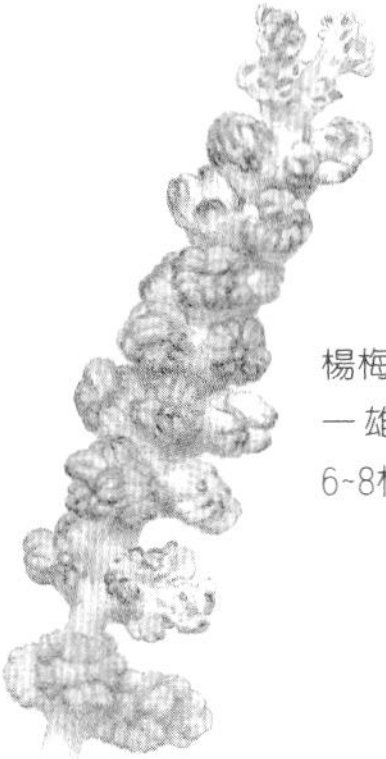

楊梅的雄花序，一雄花均有雄6~8枚。

5月自然課堂。

楊梅開花與結果

楊梅的果實為球形核果，可醃漬成好吃的蜜餞。

楊梅的新葉有著鮮豔的色彩。（黃麗錦攝）

楊梅是楊梅科楊梅屬的常綠大喬木。（黃麗錦攝）

楊梅俗稱「樹莓」〔台語〕，它的果實醃漬成的蜜餞是童年時美好的回憶之一，只是現在幾乎買不到，偶爾在菜市場或賣鄉土零嘴的店裡才看得到。楊梅蜜餞的滋味酸酸甜甜的，又有莓果類的水分，常讓人吃了欲罷不能。

楊梅是楊梅科楊梅屬的常綠大喬木，台灣各地以北部較多，結果狀況也較好。楊梅的果實球形，成熟時為鮮紅色、淡紅色或白色。

記得十多年前剛搬到山上社區，鄰居送給爸媽一棵楊梅樹，當時只覺得它的姿態好看，也不曾在意過它。直到栽植好幾年後恢復了生機，就在5月的梅雨季節時結了滿樹紅紅黃黃的果實，真的美極了。媽媽覺得摘果很麻煩，索性留給野鳥吃，於是小彎嘴畫眉、白頭翁、紅嘴黑鵯天天到花園報到，牠們吃得不亦樂乎，我們則賞鳥賞得過癮極了。此後每年的5月都滿心期盼楊梅結果，讓野鳥盛宴再次登場。

還沒轉紅的楊梅果實。（黃麗錦攝）

醃漬楊梅是傳統的零嘴，紅通通的果實讓人垂涎三尺。

Lesson

34

100 Lessons of
Taiwan's Urban Nature

5月自然課堂。

五色鳥
求偶築巢

五色鳥喜歡選擇枯朽的樹幹鑿洞為巢，這應該是跟其嘴喙的力量有關，枯朽的樹幹較好處理，五色鳥用嘴喙將挖出的樹木廢料移至巢外丟棄。枯朽的樹幹在人類的眼裡似乎一無是處，但大自然是不會浪費的，即使終結的生命也會餵養其它的生命。

住到山上十餘年後，某些自然的變化似乎早已成為日常生活的一部份，例如看到草地上的通泉草冒出頭，就知道春天的腳步不遠了，接著2月的山櫻美景、3月的家燕築巢、4月的相思樹和油桐開花，年復一年，輪迴不已。不必依賴月曆，其實自然時序的變遷更有參考價值。

而5月除了梅雨之外，最好的指標便是五色鳥的叫聲，聽到牠們的聲音，就好像是預告著夏天快到了，隨著五色鳥頻頻呼喚伴侶，氣溫似乎也一天天昇高了。

五色鳥的名字和其外表特徵是十分吻合的，全身以鮮綠色為主要的色系，其它顏色幾乎全部集中在頭部，如額頭、喉部的金黃色，前胸和臉頰的寶藍色，嘴基和前胸下方的正紅色，以及黑色的細眉線，確確實實是五種顏色。五色鳥的體型不小，如果躲在濃密的樹木裡，一身綠色的牠是不容易被發現的，不過到了4至8月的繁殖期，公鳥總喜歡選擇高枝發出領域鳴叫，此時要看到牠們就容易的多了。

公鳥的鳴叫很像廟裡和尚敲木魚的聲音，所以一般俗稱「花仔和尚」〔台語〕，而且有趣的是，一隻公鳥開始鳴叫，附近的公鳥也會不干示弱加入戰場，原本已經夠大聲的鳴叫，更是變成滿山滿谷迴盪不已。我很愛聆聽五色鳥的鳴聲，雖然一點都不婉轉動聽，甚至有點吵，但充滿生命力的鳴叫卻讓人滿心歡喜，因為再過一陣子，就會有新生命誕生，因此把五色鳥的鳴叫聲視為揭開生命的序曲。

五色鳥通常喜歡選擇枯朽的樹幹鑿洞為巢，每到育雛期，五色鳥會以捕食蚱蜢和蟬等大型昆蟲來餵食幼雛，好讓幼雛快快長大。一般而言，五色鳥的食物是以樹上的果實為主。

【建議延伸閱讀：《野鳥放大鏡：衣食篇與住行篇》】

五色鳥身著以綠色為主的五彩羽毛。

五色鳥的大嘴喙不但能吃堅硬的果實，更能鑿木築巢。

五色鳥選擇乾枯的樹幹，並用嘴喙在上頭打洞築巢。

在樹洞中育雛的五色鳥。

5月自然課堂。

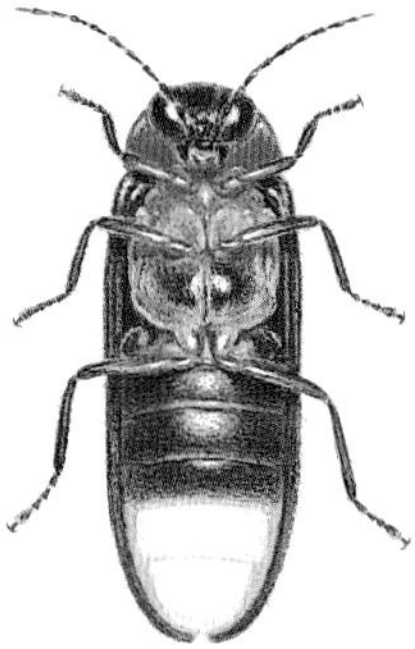

紅胸黑翅螢雄螢的發光器在腹部末端有兩節，發光較亮。

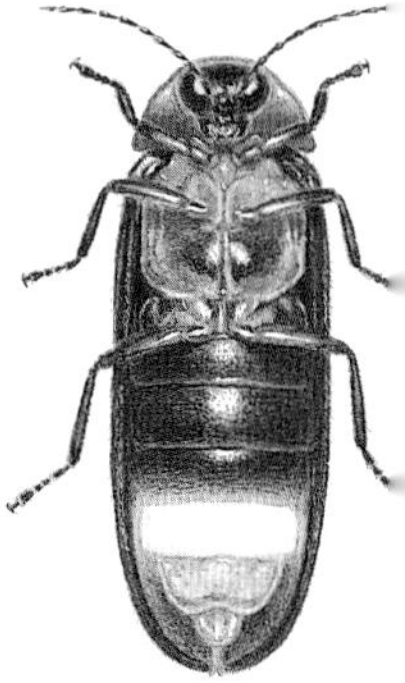

紅胸黑翅螢雌螢的發光器在腹部末端只有一節，發光較弱。

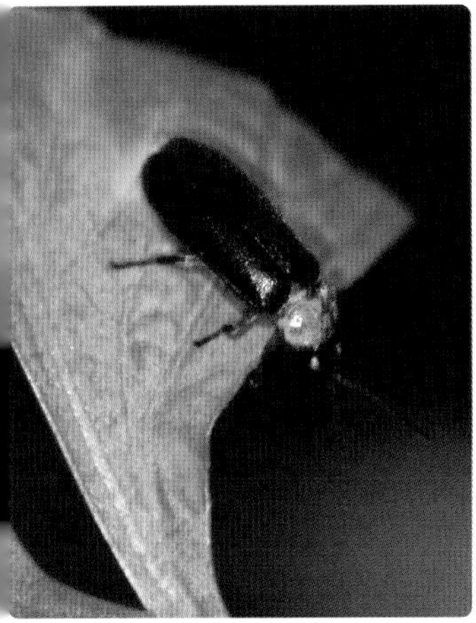

紅胸黑翅螢是螢火蟲夜光饗宴的主角之一。

螢火蟲季是每年4月、5月的一大盛事，許多地區甚至還會舉行賞螢活動，讓螢火蟲成為初夏夜晚的主角。這段時間賞螢的尖峰時段以太陽剛下山的5、6點一直延續到7、8點，晚上8點以後就剩下零星的點點螢光。

螢火蟲以光做為溝通媒介，算得上是陸生動物的創舉，在牠們短暫的生命裡，談戀愛、交配是最重要的大事，於是在黑漆漆的夜裡尋覓另一半，閃爍不已的螢光就是雌雄螢溝通的媒介，要說是螢火蟲的語言或密碼也罷，或者也可浪漫看待，這些螢光其實就是螢火蟲的綿綿情話。

螢火蟲的螢光是一種冷光，由體內的螢光素經由酵素作用而產生，每一種螢火蟲都有其特殊的發光頻率和閃光模式，是為尋覓交配對象而精心設計的。雄螢一邊發光一邊四處徘徊，等待雌螢的回應，一旦雌螢看到牠喜歡的閃光，就會在一段時間內不發光，然後一閃以回應雄螢，對雄螢而言，中斷訊號後的一閃宛如燈塔的信號，告知牠雌螢的所在位置。

想要欣賞初夏的螢火蟲盛會，最重要的就是要有乾淨的水，和水邊豐厚的腐植質及繁茂的草叢，以利螢火蟲產卵，同時也才有螢火蟲幼蟲賴以為生的小蝸牛和螺類。螢火蟲的幼蟲是肉食性，以小蝸牛和螺類為食，因此只要有乾淨的溪流或山溝，時候一到，大概就能欣賞螢光晚會了。

這麼多年的賞螢經驗，讓我印象最深的一次是在十餘年前，那一年雨水很多，讓螢火蟲大發生，有一晚走在社區的連絡道路，剛好路燈故障，完全漆黑的路上濃霧密佈，雖然是自己十分熟悉的路也不免心裡發毛，誰知才轉個彎，眼前出現的竟是夢寐以求的景象，道路兩旁的草叢滿滿都是螢火蟲，螢光簡直比路燈還亮，我彷彿走在星光大道上，可惜的是只有我一人獨享這極美的夜景。之後許多年一直期盼重溫舊夢，但始終未曾如願。

【建議延伸閱讀：『甲蟲放大鏡』及『台灣甲蟲生態大圖鑑』】

Lesson 36

5月自然課堂。

狩獵蜂築巢

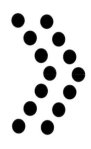

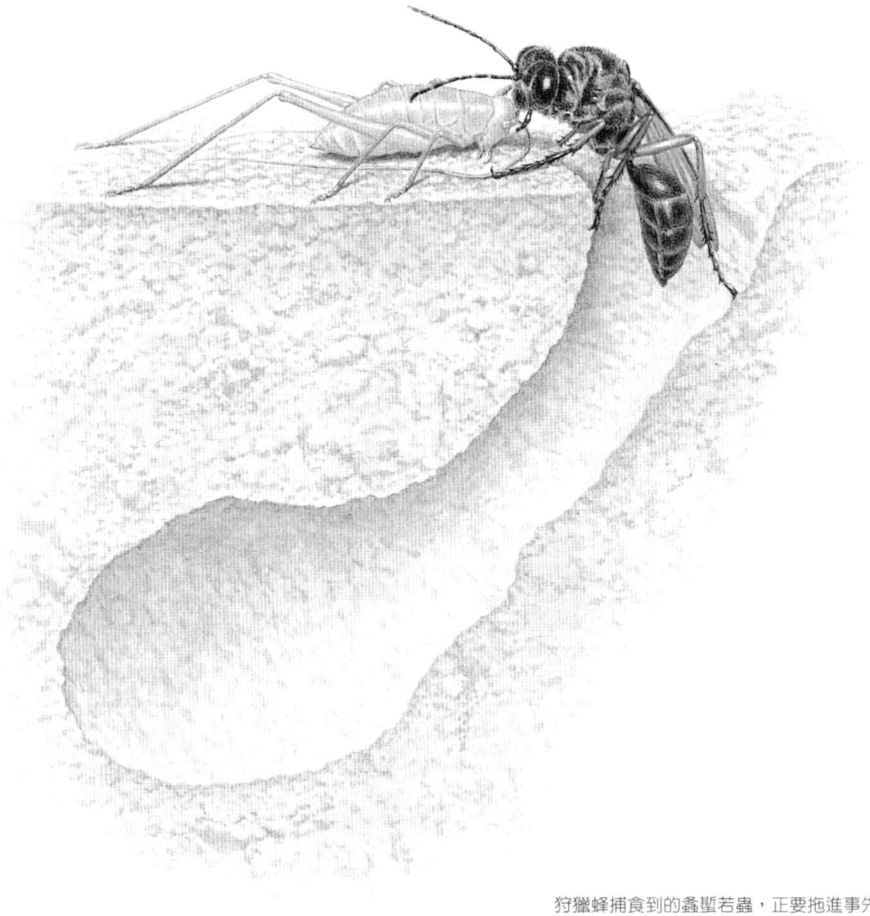

狩獵蜂捕食到的螽蟴若蟲，正要拖進事先挖好的巢洞中。這是狩獵蜂為下一代精心準備的食物，將卵產在獵物身上，封好洞口，狩獵蜂孵化的幼蟲即可安心在巢洞中以獵物為食，直到離開巢洞獨立生活為止。

每年到了梅雨季節前後，花園裡一定會有一群不速之客，把土壤挖得坑坑洞洞的，一開始對這些蜂類還有點戒心，畢竟蜂螫可是一點都不好玩的，但觀察一陣子之後，發覺牠們對人一點興趣也沒有，就算我在花園裡澆水，把牠們辛苦挖好的巢都破壞了，也一樣沒有攻擊性，只不過再從頭來過罷了。

查書之後才知道這一類蜂就是鼎鼎大名的「狩獵蜂」，種類很多，其中最有趣的便是繁殖和育幼的行為。法布爾在『昆蟲記』一書中曾大篇幅描述狩獵蜂的行為，看來狩獵蜂也是讓法布爾深深著迷的一群奇特的蜂類。

狩獵蜂屬於肉食性蜂類，平常根本看不到牠們，但在繁殖季節時要觀察就容易多了，只要找到土面的坑洞守株待兔即可，運氣好的話，還可以親眼看到狩獵蜂帶著捕食到的毛毛蟲、蟋蟀或小蜘蛛等回巢，拖進事先挖好的巢洞，在這些獵物的身上產卵，然後封好巢洞，即大功告成。狩獵蜂孵化後的幼蟲即以這些老早準備好的獵物為食，直到離開巢洞為止。

狩獵蜂的築巢繁殖時間十分集中，前後大概兩週左右，原本在花園裡熙來攘往的蜂群，突然又消失得無影無蹤，連地面上的坑洞也了無痕跡，讓人有種「春夢了無痕」的錯覺，直到明年的梅雨季節才能夠與狩獵蜂再度照面。

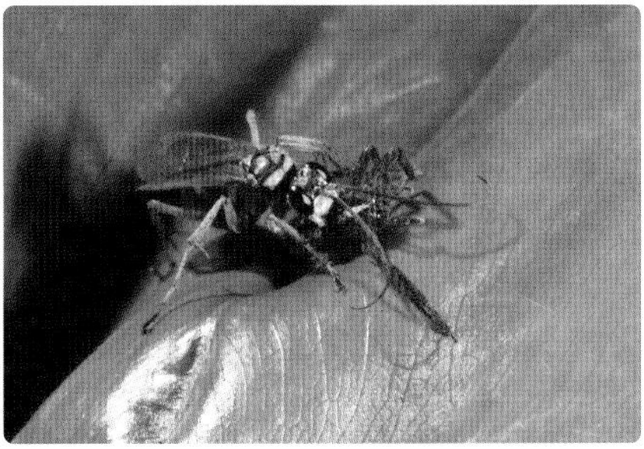

蜘蛛也難逃狩獵蜂毒手。（楊維晟攝）

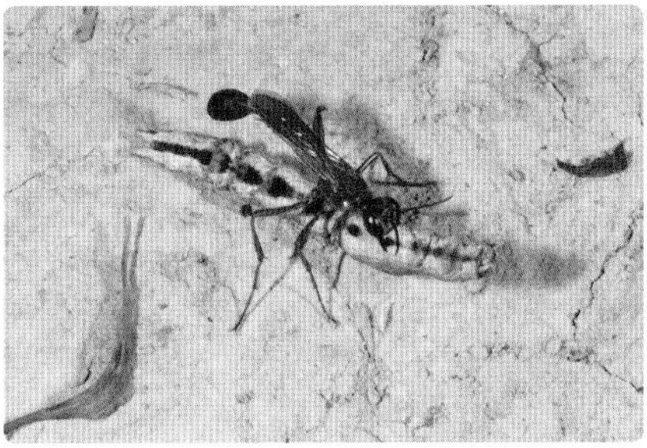

正在捕食毛毛蟲的斑節細腰蜂。（楊維晟攝）

狩獵蜂正在挖掘牠準備產卵的巢洞。（楊維晟攝）

Lesson 37

100 Lessons of Taiwan's Urban Nature

5月自然課堂。

金線蛙

金線蛙的體色差異相當大，圖為褐色型的金線蛙。

金線蛙的外型滑稽有趣，由體型的線條和渾圓的肚子，一副彌勒佛的福態模樣，大概很少人會不喜歡牠們。其實金線蛙的食量真的不小，堪稱是貪吃的大食客，只要是水裡的昆蟲或小動物，很難不引起金線蛙的食慾。

金線蛙最明顯的特徵就是貫穿全身的黃綠色背中線，眼睛後方的鼓膜也十分明顯，顯見聽覺的重要性。金線蛙生性害羞機警，而且多半躲藏在水裡，要看到牠們並不容易，尤其是金線蛙喜愛的水澤區、農田，前者遭到嚴重破壞，而後者則因農藥等化學藥劑的污染，讓金線蛙似乎越來越不容易看到。

許多生物學家都一再警告，兩棲的蛙類是環境最好的指標生物之一，如果該生態環境的原有蛙類大幅減少，往往意味著環境生態平衡出了大問題。金線蛙的數量日減，是否正是來自大自然的警訊？我們實在應該要多花些心思，好讓這些可愛的金線蛙重回台灣的水澤和茭白筍等農田。

【建議延伸閱讀：『台灣賞蛙記』P92~93】

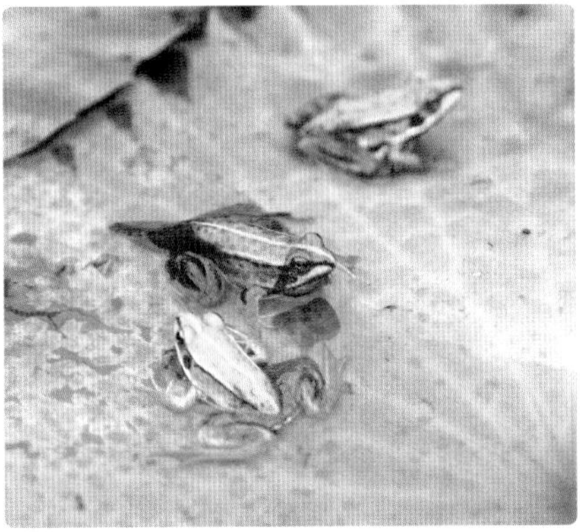

金線蛙不一定都有黃綠色背中線，圖為金線蛙幼體。

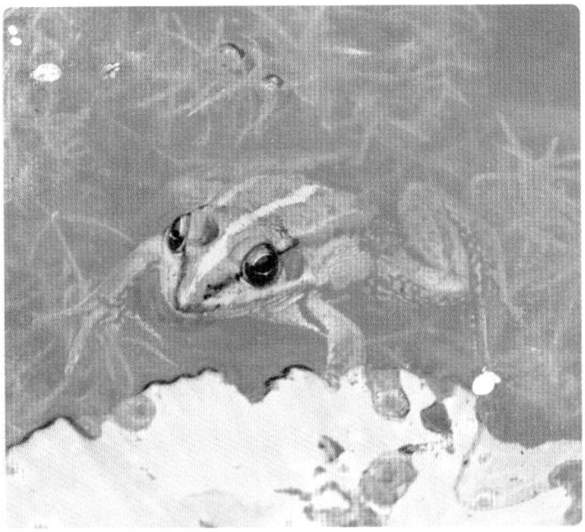

金線蛙生性害羞機警，而且多半躲藏在水裡。

金線蛙最明顯的特徵就是貫穿全身的黃綠色背中線。

Lesson
38
5月自然課堂
壁虎

壁虎是居家附近極為常見的小蜥蜴，台灣大概有9種之多，夜晚以捕食燈下的小昆蟲為生，因此非常適應人類的居家環境，其中以北部的無疣蝎虎和中南部的疣尾蝎虎最為常見。

以前常有人說：「北部的壁虎不會叫，中南部的壁虎才會叫」，其實原本就是兩種不同的壁虎，自然習性也有所不同。喜愛炎熱氣候的疣尾蝎虎是台灣壁虎當中最愛叫的一種，不論白天或夜晚都會發出連續叫聲。而北部的無疣蝎虎則是不叫的。

家裡常有年幼的壁虎闖入，只可惜發現時都已被貓咪玩得身首異處，壁虎的斷尾求生伎倆對貓咪完全無效，反而更激起貓咪的狩獵天性，小小的壁虎怎經得起貓掌的玩弄，一場殘酷的殺戮遊戲往往很快就結束了。

有時會在屋外的牆壁上發現小壁虎，年幼的壁虎體色較白，甚至有點透明，加上兩顆烏溜溜的大眼睛，模樣頗惹人愛憐。只怕碰上貓咪殺手，這些爬牆高手就變得不堪一擊了。

【建議延伸閱讀：『台灣蜥蜴自然誌』P60~65】

壁虎在休息的時候會選擇攀爬在細枝條上躲避天敵。

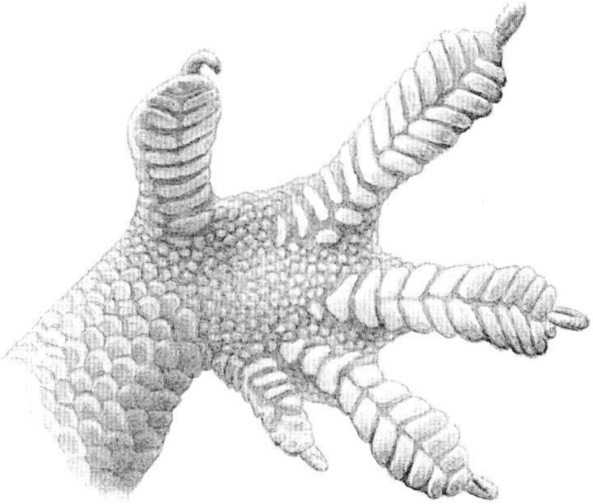

壁虎科蝎虎屬蜥蜴的共同特徵之一，即每一腳趾下方均有雙排的趾下皮瓣，這個特殊構造吸附力極佳，讓壁虎可以在垂直的空間來去自如。壁虎屬蜥蜴則有的是單排皮瓣。

鉛山壁虎是居家非常常見的壁虎種類。

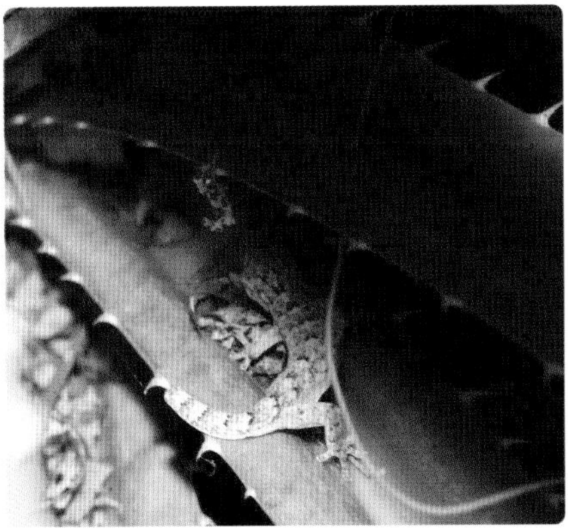

會發出叫聲的疣尾蝎虎平常躲在落葉堆裡休息。

Lesson

39

100 Lessons of Taiwan's Urban Nature

大小約2.5公釐的小黑蟻，屬於入侵型的螞蟻，通常築巢於屋外的土層中或乾涸的水溝裡，有時碰到下大雨，也會暫時將蟻巢遷至屋內。

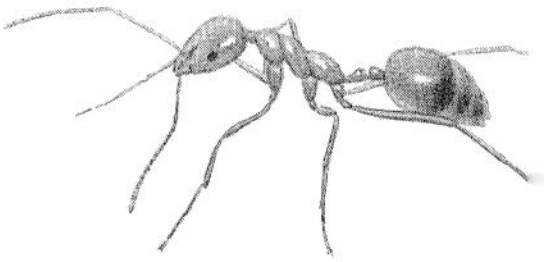

大小約2公釐的小黃家蟻，是最為普遍常見的居家螞蟻種類，屬於定居型的螞蟻，多半築巢於家中較為潮濕溫暖的地方。

5月自然課堂。

住家的螞蟻

小小的螞蟻，看似脆弱不堪，一根手指頭就可以捏死幾十隻小螞蟻，在許多人的心裡，螞蟻可能就是如此微不足道吧！但牠們已經在地球上存活了數千萬年，社會性的行為讓螞蟻成為優勢生物之一，幾乎各個角落都看得到牠們，而且總數量簡直就是天文數字，越了解螞蟻，越知道那小小的身軀是不容小覷的。

台灣常見的家屋螞蟻不到十種，而且其中部份種類是在有庭院的住家才看得到。要適應人類的居家環境，和一般野外的螞蟻有些不同的特質，例如沒有明顯固定的蟻巢，可於裂縫或物品內築巢；食性多為雜食性，同時也較耐乾燥。

想要觀察家裡的螞蟻，最簡單的方法就是拿著放大鏡〔20倍率以上〕觀察螞蟻的特徵，同時其行進的路徑和取食的行為也值得仔細觀察。有趣的是，螞蟻的體型可能實在太小了，根本無法引起貓咪的興致，有時沒吃完的貓咪飼料引來一大群螞蟻，貓咪也一樣視若無睹。

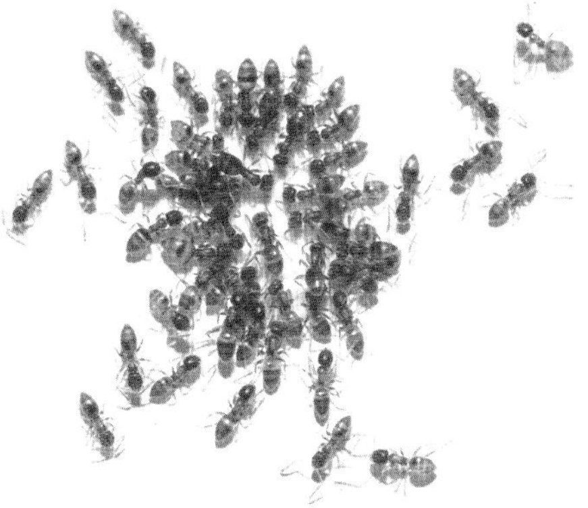

群聚的小黃家蟻。

小黃家蟻會沿著牆角尋找食物。

Lesson 40

100 Lessons of Taiwan's Urban Nature

5月自然課堂。

螳螂

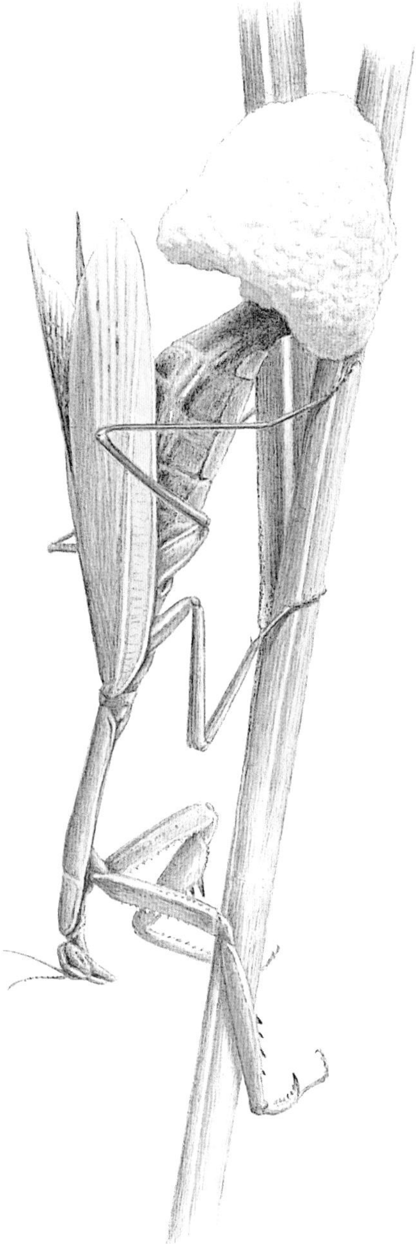

雌螳螂產卵時會倒懸於枝條上，然後滿腹的卵粒連續產出，還分泌泡沫狀膠狀物質包覆卵粒。這些外層的膠狀物質硬化後，即形成保護卵的卵鞘，不同的螳螂種類，都有特定形狀的卵鞘。

螳螂的外型讓人印象深刻，倒三角形的臉配上一對超大的眼睛，表情兇狠卻又帶點滑稽的味道。鐮刀狀的粗壯前腳，一看就知道螳螂的肉食天性，不過不使用前腳時常合攏收於胸前，模樣很像是在祈禱，也因此西方人喜歡稱呼螳螂為「祈禱蟲」，螳螂彷彿天使與魔鬼的化身，十分有趣。

螳螂的體型有大有小，但一般而言算是昆蟲中的大個子，在社區裡最常看到的多半是全身翠綠或褐色的種類，有時帶狗散步途中就在馬路上碰到螳螂，深怕牠遭車子輾過，想要用狗將牠驅離，誰知螳螂的脾氣可不小，連狗都不怕，豎直身軀揮舞那雙鐮刀，一副「一夫當關，萬夫莫敵」的氣魄，真的好有趣，也印證了成語「螳臂擋車」的真實性。

有一年清明節到家族墓掃墓，墓前的石獅子裂縫中湧出數以百計的小螳螂若蟲，外表跟成蟲幾乎一模一樣，好像透明的縮小版，就連前腳的鐮刀都有。孵化後的螳螂若蟲馬上需要自食其力，由於若蟲的數量很多，在食物不足的情況下，有時也會發生自相殘殺的行為。

螳螂產的卵鞘與空氣接觸乾燥後會變成褐色。

螳螂是純肉食性昆蟲，有時也會發生同類相殘的行為。雌螳螂在交尾的過程中，也可能將雄螳螂吃掉，但這種情形並不是每次一定發生，大概要看雌螳螂的飢餓程度而定。雌螳螂啃食雄螳螂時，往往一口把頭吃掉，有時還在交尾當中，難怪雌螳螂會被視為昆蟲中的「黑寡婦」。

螳螂一感覺危險，馬上豎起身子準備發動鐮刀攻擊。

螳螂在吃完東西之後，會用嘴巴仔細的清潔前肢。

Lesson 41

100 Lessons of Taiwan's Urban Nature

5月自然課堂。

姑婆芋的葉與果實

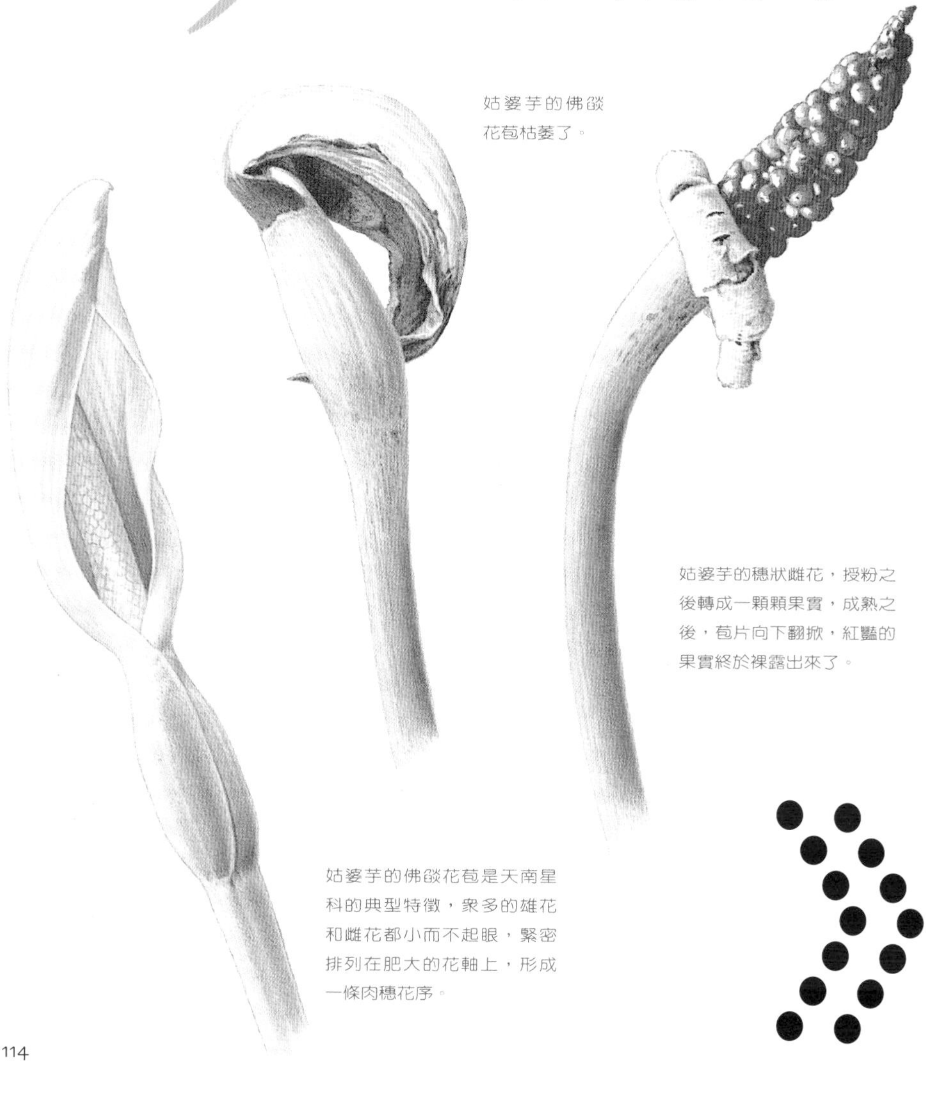

姑婆芋的佛燄花苞枯萎了。

姑婆芋的穗狀雌花，授粉之後轉成一顆顆果實，成熟之後，苞片向下翻掀，紅豔的果實終於裸露出來了。

姑婆芋的佛燄花苞是天南星科的典型特徵，眾多的雄花和雌花都小而不起眼，緊密排列在肥大的花軸上，形成一條肉穗花序。

姑婆芋是台灣低海拔山區的優勢植物之一，碩大的綠色葉片，在潮濕陰暗的林下，強盛生命力讓人無法輕忽，常常佔據一大片領地，讓其它植物毫無可趁之機。

早年姑婆芋的葉片還有人上山採收，賣給豬肉商做為包裹豬肉之用，當時塑膠袋很昂貴，報紙也不普遍，姑婆芋的葉片夠大，就成了最好的包裝材料。後來塑膠袋大量生產，價格大幅滑落，很快地取代了姑婆芋葉片，如今再也看不到這種既環保又不製造垃圾的包裝方式，殊為可惜。

初夏季節之後，姑婆芋的葉叢中會開始冒出一根根綠色的佛燄苞花梗，因為同屬綠色系，所以並不十分明顯。直到成熟的紅豔果實從苞片中露出，才讓人有種驚豔的強烈感受，紅配綠的色彩堪稱是視覺的饗宴，也很有熱帶植物的美感。

姑婆芋的果實醒目耀眼，應該是鳥類或昆蟲的食物之一，也曾看過螞蟻在黏答答的果梗上爬行。過一段時日後，果實會一顆顆脫落，直到剩下光禿的果梗。

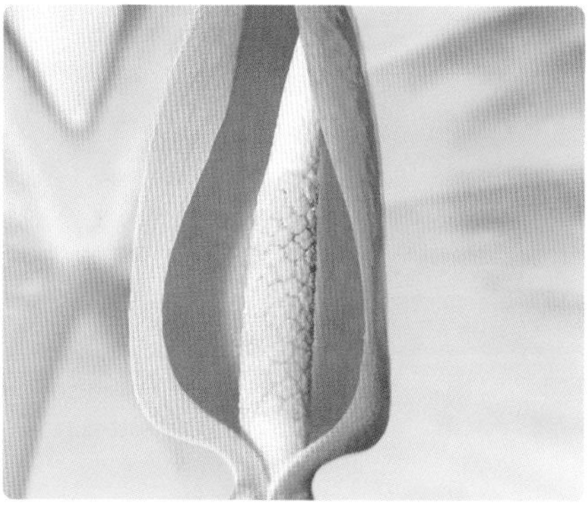

姑婆芋的雄花和雌花緊密排列在肥大的花軸上。

汁液與塊莖有毒的姑婆芋，鮮紅果實卻是鳥喜愛的食物。

陰暗潮溼的野地常可看到成片的姑婆芋。

初夏，姑婆芋的葉叢中開始冒出一根根綠色的花梗。

Lesson

42

100 Lessons of Taiwan's Urban Nature

5月自然課堂。

非洲大蝸牛

非洲大蝸牛雖是雌雄同體的生物，但行有性生殖時一樣要交配，跟另一個體交換精子，才能達到繁衍下一代的目的。交配行為多半在下過雨後的潮濕環境中較常看到，兩隻蝸牛纏綿悱惻，交纏許久才會分離。

非洲大蝸牛的體型碩大，幾乎全台灣的中低海拔山區都看得到，從牠的名字就可以知道，牠的原產地是在東非的馬拉加西，早在日治時代由日本人從新加坡引進台灣，當初是為了食用的目的，只可惜台灣人並不喜歡非洲大蝸牛的味道，後來反而在野外落地生根，成為台灣最為常見的蝸牛。

非洲大蝸牛的繁殖力驚人，加上適應力超強，擴張又快，反而壓縮了許多原生蝸牛的生存空間。其食量很大，常危害農田、苗圃和果樹，造成農業上的損失，可以說是許多外來生物的典型例證，引進之後逸出，與原生動物競爭食物、棲地等，而且缺乏掠食動物，常導致不可收拾的後果。

非洲大蝸牛的行動緩慢，也常在社區的道路上閒逛，許多都成了車輪下的犧牲者。下雨過後仔細找找草叢，不難發現兩隻交纏得難分難捨的非洲大蝸牛，牠們雖是雌雄同體的生物，但一樣需要異體授精，才能繁衍下一代。

非洲大蝸牛據說是法國人最愛的美食之一，但嘗過一次炒蝸牛肉，並不覺得特別美味，或許是烹飪的方式有所差別，不過非洲大蝸牛是廣東住血線蟲的中間宿主，最好還是少吃為妙。

雜食性的非洲大蝸牛除了吃腐葉，也會啃食農作物。

非洲大蝸牛常常在雨後出現在路旁植物上覓食。

阿勃勒的金黃色花朵是豆科植物的典型蝶形花冠。

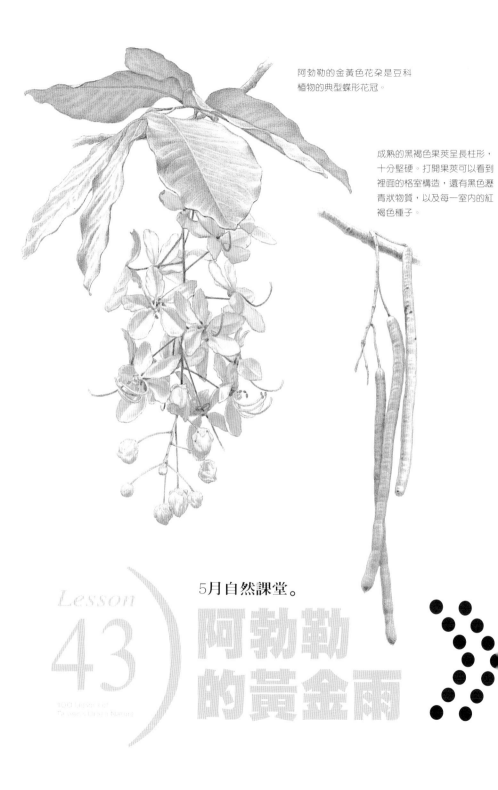

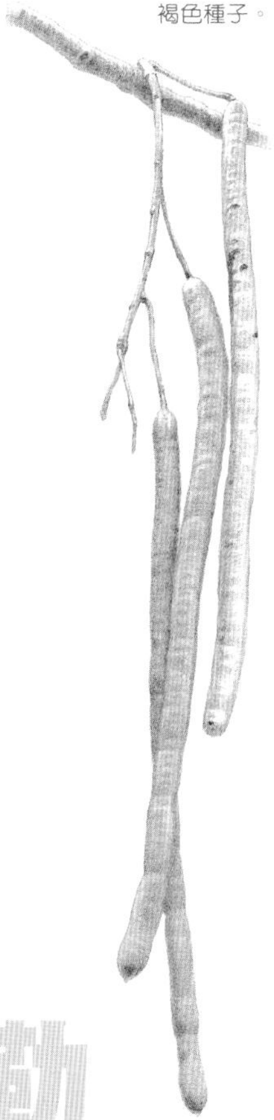

成熟的黑褐色果莢呈長柱形，十分堅硬。打開果莢可以看到裡面的格室構造，還有黑色瀝青狀物質，以及每一室內的紅褐色種子。

Lesson 43

100 Lessons of Taiwan's Urban Nature

5月自然課堂。

阿勃勒的黃金雨

阿勃勒是我偏愛的樹種之一，為的就是初夏時節滿樹金黃的「黃金雨」。黃金雨是阿勃勒在西方國家的俗名，其實頗為貼切，把阿勃勒的開花景致描繪得既生動又有美感，一串串下垂的長花穗掛滿樹梢，隨風擺盪，看起來真像夏天午後的雨水，滋潤樹木也感動人心。

阿勃勒是豆科植物，仔細看看每一朵小花，確實是豆科植物典型的蝶形花冠。有趣的是，柔美的黃色花朵在凋謝之後，竟會逐步轉變成剛硬如樹枝般的黑褐色果莢，兩者彷彿毫無關聯的長相，反而讓人留下不可磨滅的印象。

長柱形的果莢倒垂在樹上，一根根長約50公分，相當醒目，果莢十分堅硬，不容易打開，敲開果莢可以看到裡面有一格格的構造，每一格一粒紅褐色種子，格狀構造中還有黑色瀝青狀物質，應該是種子成熟前的保護機制。曾撿拾過掉落樹下的成熟果莢，發現有小蛀洞，或許是想要搬運種子的昆蟲所留下的痕跡，大概是因為阿勃勒的種子味甜可食，才需要這層層關卡好生保護。

【建議延伸閱讀：『台灣種樹大圖鑑』下冊P86~87】

阿勃勒的花有著豆科植物典型的蝶形花冠。（黃麗錦攝）

黃金雨是阿勃勒在西方國家的俗名。

阿勃勒的長柱形果莢倒垂在樹上，相當醒目。

6月 JUNE
自然課堂。

100 Lessons of Taiwan's Urban Nature

Lesson 44

100 Lessons of Taiwan's Urban Nature

6月自然課堂。

喜鵲臨門

喜鵲的名字取得真好，大家一聽就喜歡，還帶點吉祥的意味。喜鵲全身黑白相間，配上藍綠色的翅羽，外表確實討喜。其實喜鵲並不是台灣原生的鳥類，大概是清康熙年間由清朝官員自中國帶入台灣，後來放生之後就自行繁衍，而在台灣落地生根。

喜鵲對都市的人工環境似乎適應良好，不論是住屋屋頂或街燈、高塔上，都不難看到牠們的身影，有一次在辦公室的敦化南路旁的巷道，就親眼看到喜鵲飛過，牠的體型不小，加上獨特的黑白配色，肉眼即可清楚辨別。那一整天心情暢快無比，好像喜事即將臨門似的，由此可知「先入為主」的想法是多麼牢不可破，喜鵲的「喜」字讓人看到牠開心不已，或許很多動物如果改名一下，境遇也會改善許多。

喜鵲喜歡在高大的樹木或高塔上築巢，多以樹枝搭建而成，一般而言，喜鵲巢會沿用多年，每年只是稍加修補，使用多年的鳥巢往往越築越高，形成壯觀的大鳥巢。中國成語裡的「鳩佔鵲巢」，鳩是隼之類的猛禽，鵲就是喜鵲或烏鴉，喜鵲辛苦築好的巢，有時會被猛禽佔為己有，但在台灣是看不到這種現象的，大概喜鵲生活的環境多半在人類附近，猛禽是會敬而遠之的。

忙著挑選樹枝築巢的喜鵲。

適應都市環境的喜鵲在台北的教堂十字架上築巢。

喜鵲的巢十分巨大，牠們每年都會修補，重複使用。

喜鵲在樹叢中尋找果實果腹。

喜鵲常常站在都會區的制高點俯瞰整個區域。

Lesson 45

6月自然課堂。

蜻蜓與豆娘

蜻蜓和豆娘最容易的分辨方式就是觀察停棲時的翅膀，大部份的豆娘停棲時會把翅膀合攏豎於胸部背側，而蜻蜓的兩對翅膀則在身體兩側平展。

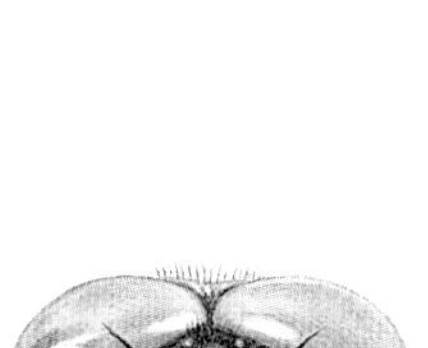

蜻蜓的頭部與豆娘明顯不同，複眼雖然碩大發達，但兩眼之間的距離遠比豆娘類小，有的科別的蜻蜓甚至左右複眼明顯相連，形成渾圓的頭部外觀。

豆娘的頭部長得很像啞鈴，碩大的複眼發達，長在頭部兩側，左右眼相隔很遠。

夏天到了，天空飛舞的昆蟲多了，其中最討人喜歡的大概就屬蜻蜓和豆娘了。蜻蜓和豆娘飛行方式常激發小孩的想像空間，就連小孩的玩具也少不了竹蜻蜓，炎熱的夏天裡，水邊的蜻蜓和豆娘是最好的玩伴。

社區裡家家戶戶大概都少不了養錦鯉的魚池，自然常吸引許多蜻蜓和豆娘，不過每年的狀況還是略有差別，大發生的年份會看到漫天飛舞的紅蜻蜓，堪稱是夏日最引人的景致。也常有超大體型的勾蜓誤闖入玻璃屋內，撞擊聲音一點都不輸模型飛機。

成語裡的「蜻蜓點水」說的可不是蜻蜓喝水的行為，而是清楚描述了蜻蜓的產卵行為，不過並不是所有的蜻蜓種類都是如此產卵，其中以蜻蜓科、春蜓科和勾蜓科的種類最常以點水方式產卵，有的先將所有的卵排至尾端，然後點水讓它們全部沉入水裡，有的則採連續點水方式，分次將卵排放至水中。不過也有的蜻蜓是將整團卵塊直接空投到水裡，連點水的步驟都省了，堪稱一絕。

蜻蜓和豆娘的幼年階段都少不了水，兩者的稚蟲都是以捕食水裡的昆蟲或小節肢動物為食，其中蜻蜓的稚蟲因體型較大，也會捕食蝌蚪或小魚。

短腹幽蟌是在溪谷裡常常可以見到的豆娘。

彩裳蜻蜓的翅膀色彩特殊，因此被冠上蝴蝶蜻蜓之名。

紫紅蜻蜓常出現在溪流、池塘等區域（雄）。

猩紅蜻蜓是夏天常見的蜻蜓。

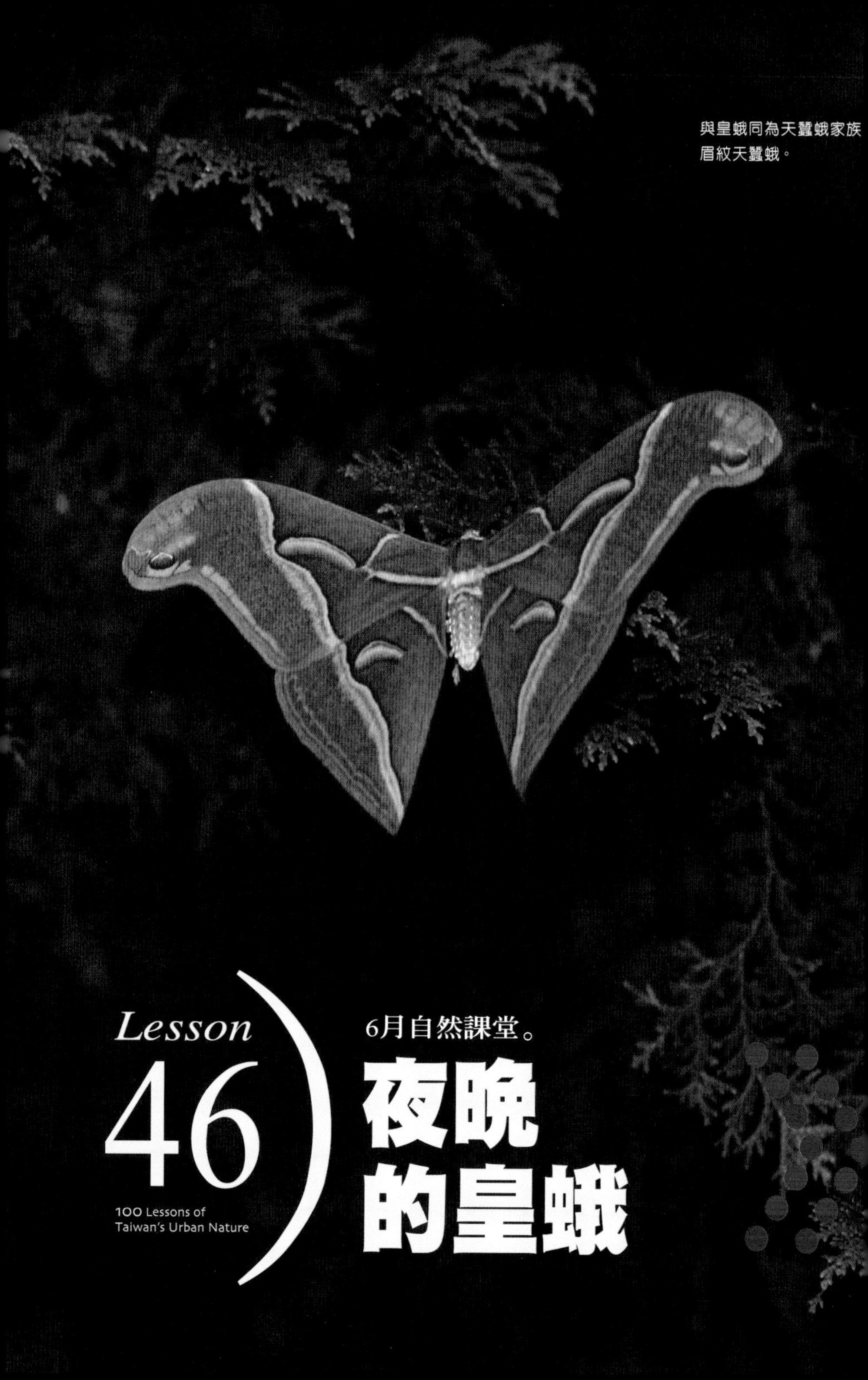

與皇蛾同為天蠶蛾家族
眉紋天蠶蛾。

Lesson 46

100 Lessons of
Taiwan's Urban Nature

6月自然課堂。

夜晚的皇蛾

體型碩大的皇蛾是天蠶蛾家族的一員，這個家族多半體型不小，小型的種類展翅寬度約10公分以下，最大型的皇蛾甚至可達20餘公分，是相當吸引人的夜行性昆蟲。

遇見皇蛾多半是在白天散步途中，奄奄一息躺在路旁，豔麗的外表讓人很難忽視牠的存在。有的翅膀已殘破不堪，有的還是完整無缺，帶回家後仔細欣賞牠的外表，最引人的自然是前翅尖端的眼紋，乍看之下確實很像蛇的頭部，不過令人疑惑的是，皇蛾或其它天蠶蛾都是標準的夜行性昆蟲，在光線不佳的夜裡，這樣的眼紋到底可以發揮多少嚇阻的功效？或者是在白天不活動停棲時才會發揮保護的作用？

皇蛾的生態依然神秘，不過確知的是成蟲多半棲息於樹林內，成蟲口器退化，是不會進食的，牠們最大的使命便是交尾與產卵，通常繁衍任務達成之後，生命也隨之終結。

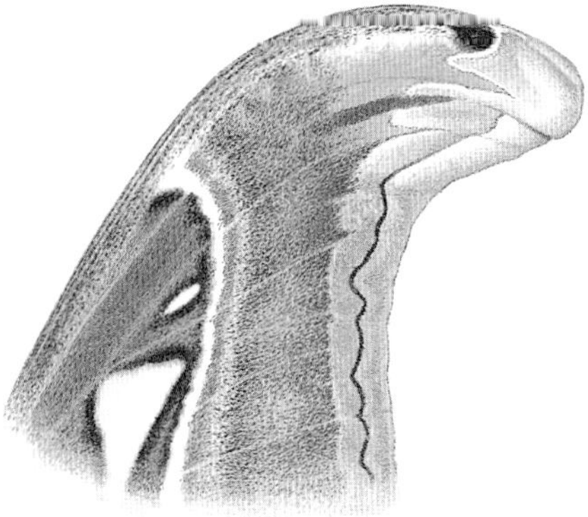

皇蛾的前翅尖端有一個明顯的眼紋，是最容易的辨識特徵。這種眼紋向外突出，看似蛇類的頭部，應可嚇阻掠食動物侵犯的意圖，因此皇蛾又有人稱之為「蛇頭蛾」。

皇蛾的幼蟲有別於一般蛾類幼蟲，模樣十分特殊。

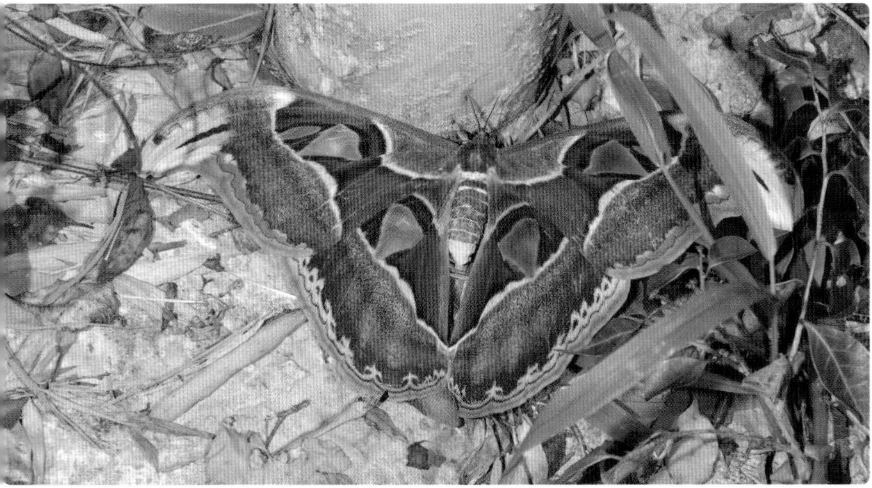

遇見皇蛾多半是在白天散步途中，奄奄一息躺在路旁。（楊維晟攝）

Lesson 47

6月自然課堂。

金龜子的回憶

童年階段的六〇年代，台灣的自然環境破壞不大，就連台北市都像是現在的農村環境，當時小孩的玩樂大多在戶外呼朋引伴、自得其樂。女孩玩的大多是扮家家酒，摘些野花、野草做為炒菜的材料，男孩子體力好又調皮，許多小動物不免淪為他們玩樂的對象。

其中金龜子大概是最倒楣的，牠們的個頭不小，加上閃閃發亮的金屬光澤，自然很容易吸引小孩，而且金龜子的行動不算敏捷，很難逃得過小孩的魔掌。捉到的金龜子多半在後腳綁上一條長線，然後甩兩圈，金龜子就會倉皇飛起，發出嗡嗡的聲響。我想大多數四、五年級生在童年時多半玩過這種金龜子的放風箏遊戲吧！這樣的童年經驗是難以磨滅的，只是被我們弄斷腳、棄於一旁的金龜子實在很無辜。

金龜子出眾的色彩和造型，常被比擬為甲蟲中的活寶石，也是甲蟲中的大家族，光是台灣就大約有500種以上，牠們的生態也各異其趣，是非常值得認識的昆蟲。不過最好不要再玩金龜子的放風箏遊戲，以其飛行能力而言，確實會造成很大的壓力，倉皇失措的金龜子其實只想逃離現場罷了。

【建議延伸閱讀：《甲蟲放大鏡》及《台灣甲蟲生態大圖鑑》】

春末到秋天是東方白點花金龜出沒的季節。

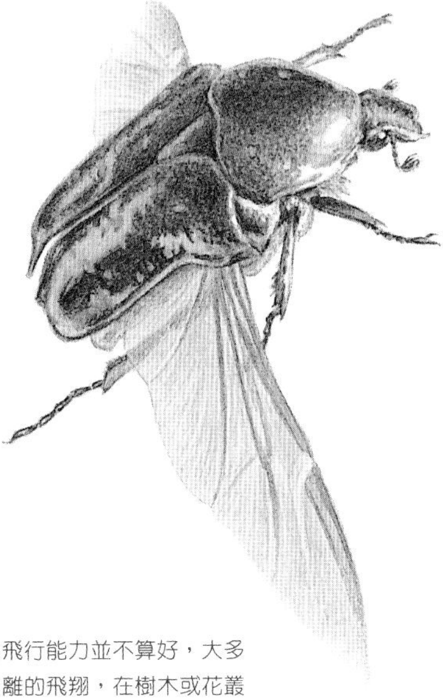

金龜子的飛行能力並不算好，大多是做短距離的飛翔，在樹木或花叢間移動。綠色的白點花金龜即使展翅飛行，其鞘翅也不會展開。

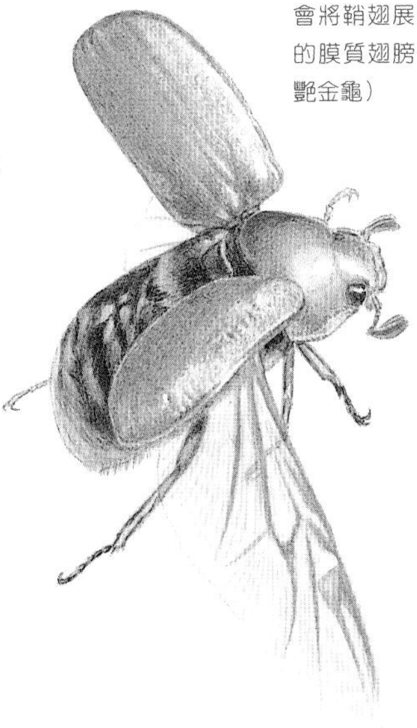

有的金龜子展翅飛行時，會將鞘翅展開，露出裡面的膜質翅膀。（圖為長毛豔金龜）

在都市花園的落葉堆裡偶爾可見到金龜子的幼蟲。

金龜子出眾的色彩和造型，酷似大自然裡的活寶石。

東方白點花金龜也是都市裡常見的金龜子。

耀眼的金龜子在物質不充裕的年代，成了孩子的玩具。

Lesson 48

100 Lessons of Taiwan's Urban Nature

6月自然課堂。

月桃

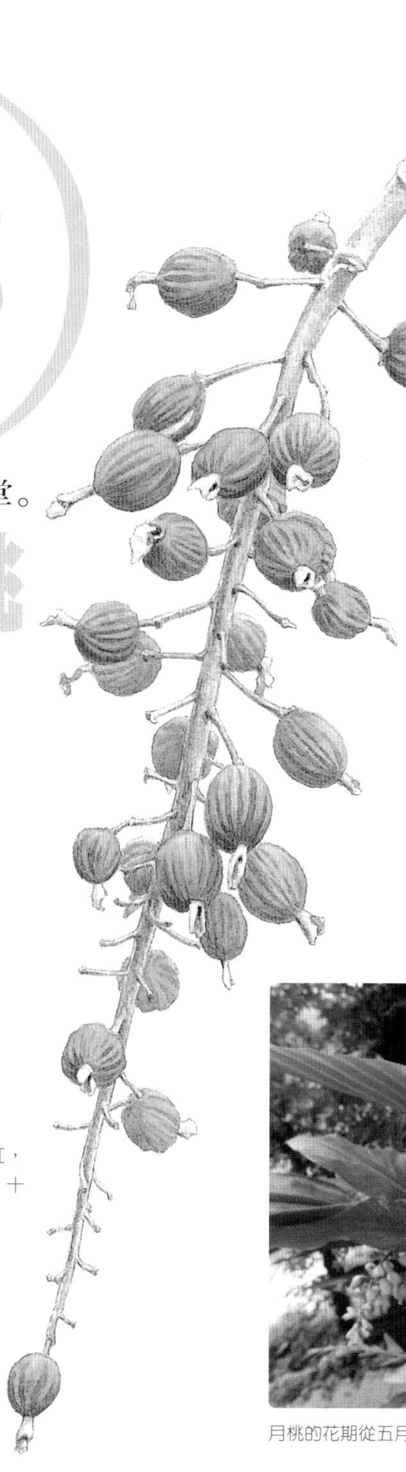

月桃果實完全成熟後會開裂而露出裡面藍灰色的種子，種子即為仁丹的原料，含在嘴裡有冰涼的口感。

月桃的熟果全身通紅，外表有縱狀的稜紋，十分美觀。

月桃的花期從五月一直延續到七、八月。

五月之後走在社區道路，常見一串串月桃的花朵垂於路旁，是這個季節最美麗的主角之一。月桃是台灣低海拔山區的常見植物之一，長久以來也成了人們生活上的好伙伴，有人說月桃「渾身是寶」，幾乎從頭到腳都有用途。

月桃剛長出來的地下嫩莖，可代替嫩薑食用；月桃的葉鞘纖維韌性十足，以前人將它曬乾後，編製成草蓆或繩索；長長的葉片是包粽子的好材料，不輸一般常用的竹葉；種子芳香，可製作成仁丹；紅豔的果串是插花的好材料，可維持兩週以上；花朵除了觀賞外，還可油炸食用。看來月桃渾身是寶，確實名不虛傳。

月桃的花期從五月的晚春季節會一直延續到七、八月的仲夏時分，紅白相間的花朵成串垂下，讓人忍不住想摘回家，但其花莖十分強韌，不容易扯下，即使用剪刀剪下帶回，花朵卻極易凋謝，往往才一兩天就只剩下光禿的花梗。

月桃的果實球形，未成熟前是綠色的，外觀有許多縱稜，大小跟龍眼差不多，轉紅之後十分美麗，然後會慢慢裂開，露出裡面藍灰色的種子。從花朵到果實、種子的過程具有很高的觀賞性，所以下次碰到月桃花，還是不要急著帶回家欣賞，留在原地，才會有更大的驚喜。

【建議延伸閱讀：『台灣野花365天』春夏篇P184】

月桃紅白相間的花朵成串垂下，十分美麗。

月桃的果實球形，成熟時呈橘紅色。

中海拔的島田氏月桃的花朵有如火炬一般直立生長。

平時棲息在樹上的翡翠樹蛙在繁殖季節，會下到樹下交配產卵。

Lesson 49

100 Lessons Of Taiwan's Urban Nature

6月自然課堂。

翡翠樹蛙

翡翠樹蛙是台灣特有種蛙類，「翡翠」之名除了形容其翠綠的外表之外，還有另一層含意，即最早的發現所在地是位於台北縣的翡翠水庫。翡翠樹蛙的分佈局限台灣的北部地區，如台北縣、宜蘭縣和桃園縣等，數量不多，被列為保育類動物。

翡翠樹蛙的體型不小，大約有 6 公分左右，算是樹蛙類的大個子了。白天多半躲藏在闊葉林的底層休息，鮮綠色的外表有很好的隱匿效果，不太可能發現牠們的蹤影。不過到了晚上看到牠們的機會就大得多，特別是下過雨或露水濕重的夜晚，經常出沒於靜水區域，尤其是果園、茶園或菜園裡的蓄水池、水桶等，都有機會看到翡翠樹蛙。

翡翠樹蛙的雌蛙產卵時，會一邊分泌黏液，一邊用力踢後腳，與空氣混合成白色泡沫狀，以形成保護卵及精液的卵泡塊，這種卵泡塊多半黏附於靜水區域的邊緣，經十餘天後孵化出數以百計的小蝌蚪，就直接掉入靜水中生活。

【建議延伸閱讀：『台灣賞蛙記』P100~101】

金黃色的過眼線與金色虹膜是翡翠樹蛙的辨識特徵。

翡翠樹蛙平常都棲息在灌木上。

翡翠樹蛙將卵泡掛在靠近水邊的樹上，以利蛙卵孵化。

從卵泡孵化後落到水中的翡翠樹蛙蝌蚪。

Lesson 50

6月自然課堂。

斯文豪氏攀蜥

斯文豪氏攀蜥的典型威嚇行為，宛如「伏地挺身」的動作，先是口部微張、挺直身軀。

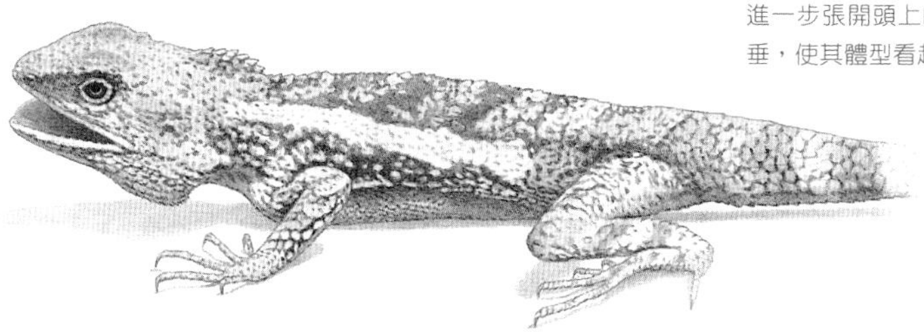

突然低伏身軀，以達到嚇阻敵人的目的。如果無法遏阻敵人靠近，雄蜥將進一步張開頭上的鬣鱗以及喉部的喉垂，使其體型看起來更龐大嚇人。

斯文豪氏攀蜥良好的保護色讓牠不容易被發現。

正在脫皮的斯文豪氏攀蜥幼體。

斯文豪氏攀蜥給人的第一印象，宛如遠古時代的小恐龍，被遺忘在闊葉樹林裡。斯文豪氏攀蜥是台灣的特有種蜥蜴，體型是攀蜥類當中最大的，也是數量最多和分佈最廣泛的種類。牠們的蹤影從平地到海拔1500公尺以下的樹林都有，對人工環境也適應良好，所以一般公園、校園或綠地都不難發現牠們。

在我居住的社區裡，斯文豪氏攀蜥也是經常可見，雄蜥身體側面明顯的黃斑條紋是最容易辨別的特徵。天氣好的日子常看到牠們大剌剌地躺在樹幹上曬太陽，有時更直接跑到曬得熱熱的柏油路上，讓人為牠捏一把冷汗，一不注意又會淪為輪下冤魂。

有時走在步道上，常被斯文豪氏攀蜥嚇個正著，逃竄的動作誇張而粗魯，就連一向溫馴的哈士奇犬「太郎」都被搞得興奮過頭，以為是大獵物當前，機不可失。

其實斯文豪氏攀蜥最有趣的行為莫過於「伏地挺身」，這是牠們典型的威嚇動作，尤其雄蜥頭部又有明顯豎起的鬣鱗，加上膨大的喉垂，模樣更嚇人，這種伎倆有某種程度的嚇阻作用，先是緩兵之計然後逃之夭夭。

【建議延伸閱讀：「台灣蜥蜴自然誌」P113~115】

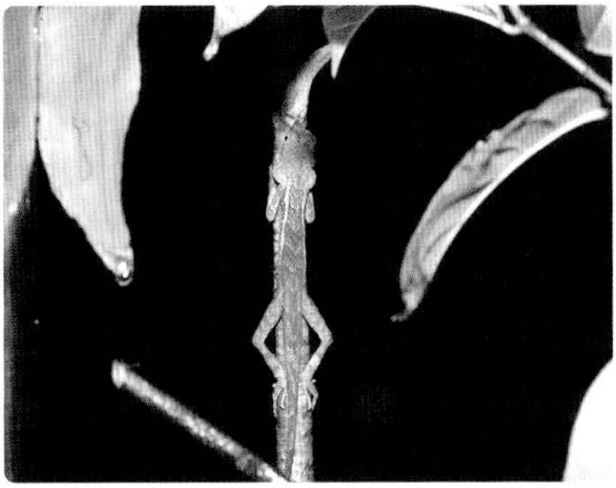

日行性的斯文豪氏攀蜥晚上就直接攀著樹枝睡覺。

黃口攀蜥也是低海拔十分常見的攀蜥，分佈十分廣泛。

Lesson 51

6月自然課堂。

榕果滿樹

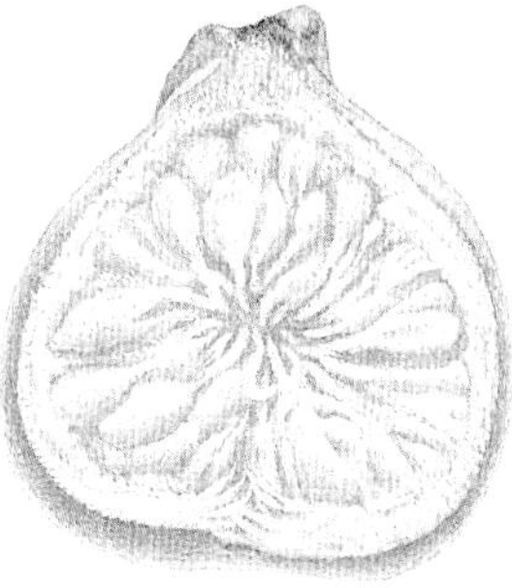

榕樹的果實為典型的隱花果，直徑大小約5公釐，剖開果實可清楚看到內部多數的小花。

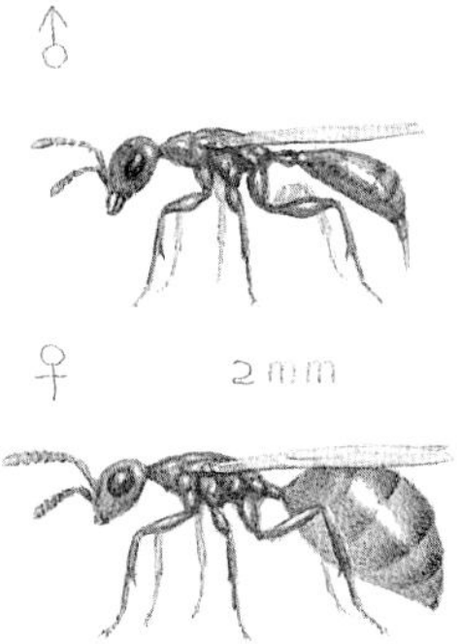

負責隱花果授粉作業的榕小蜂。上方為體型較小的雄蜂，尾端伸出的是交尾的構造。下則為腹部膨大的雌蜂。

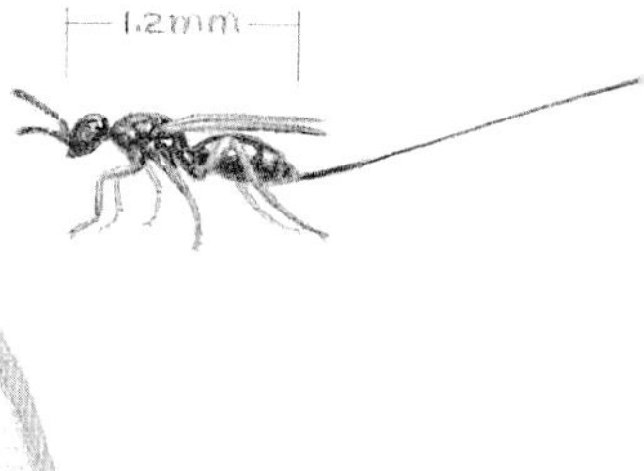

雌的擬寄生蜂，可能寄生在榕小蜂上，一樣在榕果裡孵化出來。

隱花果和榕小蜂之間的奇妙共生關係。以下現象是繪者林松霖的第一手觀察資料，與一般書中描述的過程略有出入，值得進一步探討。隱花果內，雄的榕小蜂首先孵化，再以大顎咬破雌小蜂的蟲癭外殼，兩者完成交尾後，雌小蜂由小孔鑽出，以尋找新的榕果產卵。

常綠大喬木的榕樹是台灣普遍栽植的樹種，不僅到處可見，如行道樹、公園或校園都大量栽植，就連百年老樹也少不了榕樹。老態龍鍾的榕樹，姿態好看，加上滿樹隨風飄揚的氣生鬚根，更顯仙風道骨，尤其台灣人總覺得老樹有靈，樹下常見供奉土地公的小廟，是極富台灣味的景致。

榕樹除了人見人愛之外，它們也是野鳥喜愛光臨的食堂之一，尤其結得滿樹的榕果更是許多野鳥少不了的重要食物來源。榕果雖小，但因數量極多，鳥類依然可以大快朵頤，而且吃完後野鳥還會回饋榕樹一瓢之飲的恩情，為榕樹到處散播種子，種子經過鳥類的消化道之後，發芽率變得奇高無比，因此到處可見小小榕樹苗，或許這也是榕樹如此普遍的重要因素之一。

榕果是典型的無花果，隱頭花序的膨大花托位於果實內部，小小的花朵就藏在花托裡，所以一般是看不到榕樹開花。隱花果的頂端是雄花，底部則為雌花和不孕性的蟲癭花，由榕小蜂負責幫忙授粉，以蟲癭花引誘榕小蜂進入果中產卵，兩相得利，榕果可以順利授粉，而榕小蜂則為下一代找到舒適的窩。

【建議延伸閱讀：《台灣種樹大圖鑑》上冊 P100~101】

常綠大喬木的榕樹是台灣普遍栽植的樹種。

雀榕從樹幹長出的果實剛開始是綠色的。

象耳榕會結出碩大的榕果。

紅通通的成熟雀榕果實是許多野鳥的食物。

6月自然課堂。

Lesson 52

杜鵑的托卵行為

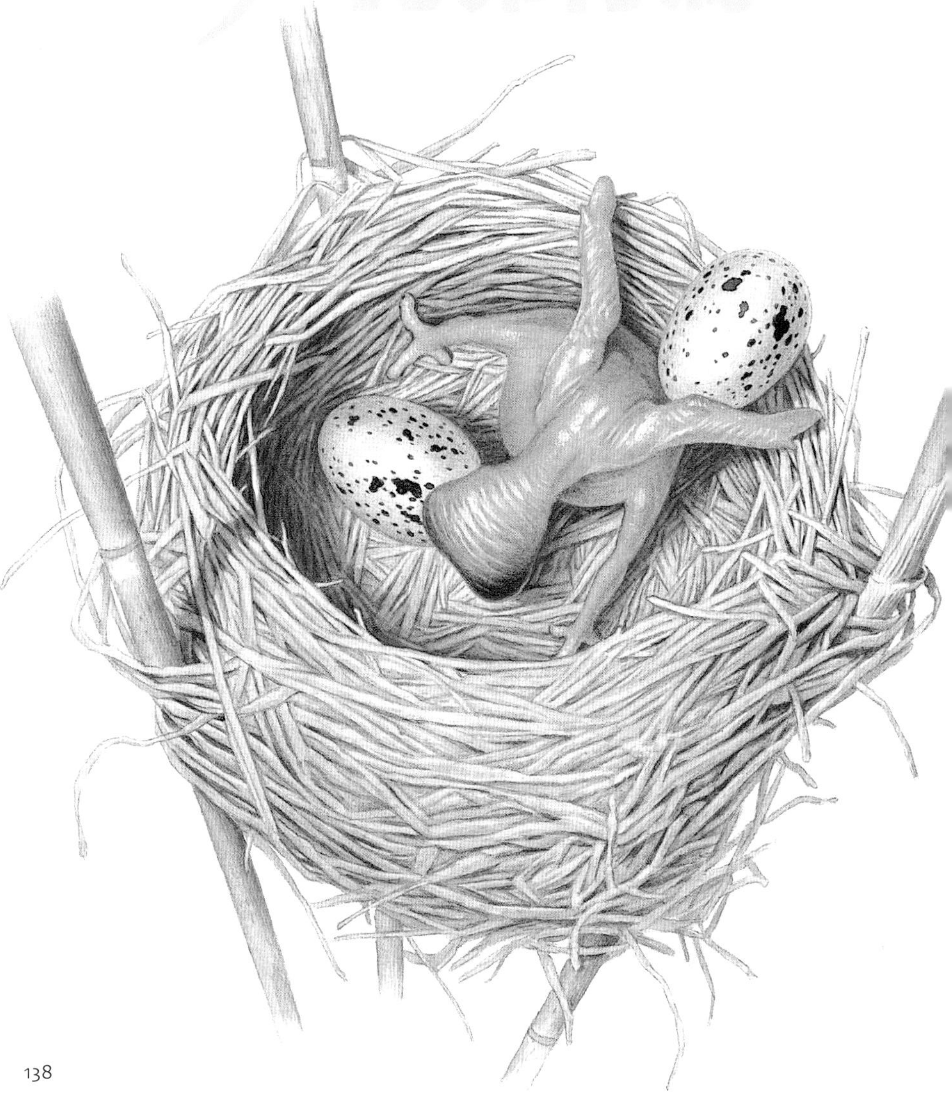

筒鳥的正式名稱為「中杜鵑」，在台灣是相當普遍的夏候鳥，每年3月到9月都有機會聽到其特殊的叫聲，有點類似透過竹筒發出的聲音，以短促兩音節重複數十次的「布布、布布」，每回聽到筒鳥的叫聲，就知道炎熱的夏天已經快到了。

筒鳥多半單獨行動，喜歡停留在制高點鳴叫，聲音常傳得又遠又長，但要親眼看到牠們並不容易。其羽色十分特殊，第一眼會以為是一種小型的猛禽，如腹部明顯的暗色橫紋，腰及尾上覆羽都有橫紋，乍看之下真的很像猛禽。羽色的特化其實也是配合其寄生性的托卵行為，筒鳥的繁殖是不自行築巢，而是找其它的鳥巢下手，當牠飛行時很容易讓其它鳥類誤以為是猛禽來襲，往往倉皇而逃，於是給了筒鳥最好的機會。

筒鳥找到適當的鳥巢後，會先吃掉一顆蛋，再於巢內產下一顆顏色相近但體積較大的鳥蛋，交由別的親鳥代為孵蛋。有趣的是，筒鳥的幼雛一定率先孵出，眼睛尚未睜開就知道為生存而戰，以背部的力量將巢內的鳥蛋一一拱出，如此才能確保獨佔所有親鳥餵雛的資源。筒鳥的托卵行為可說是自然界中算計清楚的利己策略，環環相扣，精確無比，讓人嘆為觀止。

筒鳥是托卵性的鳥類，其羽色看起來很像小型的猛禽，飛行時很容易驚起小鳥，而可順利找到寄主鳥類的巢。筒鳥在台灣多半將卵產於褐頭鷦鶯、灰頭鷦鶯或其它小型畫眉的鳥巢。通常筒鳥的卵會率先孵化，幼雛的本能反應即將巢中的其它鳥蛋推出巢外，以獨佔寄主親鳥的所有育雛資源。

（吳尊賢攝）

Lesson

53

100 Lessons of
Taiwan's Urban Nature

6月自然課堂。

布袋蓮

布袋蓮又名鳳眼蓮，原生於南美洲的巴西，因為極富觀賞價值，現在幾乎遍佈全世界的熱帶淡水水域，是水生植物當中的優勢物種之一，台灣早在日治時代即已引進栽培，當初也是做為觀賞性的水生植物之用。

布袋蓮的葉柄膨大為紡錘狀或囊狀，裡面充滿空氣，讓布袋蓮植株可以漂浮在水面上，而從6月到10月之間一串串紫藍色的花朵從葉柄基部伸出，既醒目又別致。布袋蓮除了觀賞性外，全株也可做為家禽的飼料，同時也可監測水質的變化，淨化重金屬類的污染物質，因此許多地區均大量栽植。

不過不容忽視的是，布袋蓮具有強烈的侵略性，其匍匐莖的生長非常快速，一旦與母株分離，馬上長成新的植株，因此布袋蓮可以在極短的時間之內佔據新的水域，還會阻塞出水口而造成淹水等災害，同時也會排擠許多原生水生植物的生存空間，對水域生態的影響極為深遠。布袋蓮引進台灣，又是一個活生生的生態教材，如果只以人類的單一觀點做為判斷的基準，難保不會釀成不可收拾的後果。

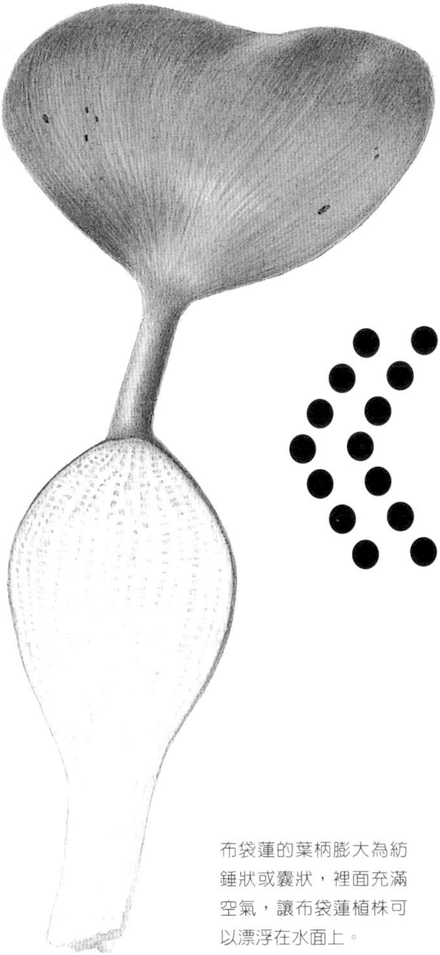

布袋蓮的葉柄膨大為紡錘狀或囊狀，裡面充滿空氣，讓布袋蓮植株可以漂浮在水面上。

布袋蓮的花瓣上有一個黃斑，又被稱為「鳳眼蓮」。

布袋蓮是漂浮在水面上生長的外來種水生植物。

Lesson

54

100 Lessons of
Taiwan's Urban Nature

6月自然課堂。

福壽螺

福壽螺正在啃食水生植物，因此也會破壞水稻生長，許多農人對外來種的牠束手無策。

福壽螺的外型圓圓滾滾的，又名金寶螺，雖然名字如此吉祥如意，但卻成為農民的心頭大患，恨不得除之而後快。

福壽螺屬於蘋果螺科的一員，這一科淡水螺類大多體型不小，貝殼近乎圓球形，以水生植物為食，喜愛生活於水池或河川。福壽螺原產於阿根廷，八〇年代引進台灣，非常適應台灣的水田環境，大量滋生，反而變成稻田的主要危害。

曾造訪過在大屯溪旁以自然農法自耕自足的黎旭瀛醫師夫婦，黎醫師提及種植水稻的種種珍貴經驗，其中有關福壽螺的部份讓人印象深刻。福壽螺一直是水稻田難以解決的禍害，但黎醫師以水田水位高低控制，精確配合水稻的生長節奏，讓福壽螺既可清理水田裡的雜草，又不致危害水稻的生長。黎醫師表示他還要持續觀察幾年才能獲得比較明確的結果，但這樣的耕作方式確實讓人期待，應用自然生態的錯綜複雜關係，一樣可以獲得人類所需的農業成果，但卻對環境友善，而且不會遺害土壤。

福壽螺在水田中生活與產卵，常可看到成堆的粉紅色卵黏附於水稻或其它水生植物的莖稈上。由於福壽螺的繁殖力驚人，數量極多，已成為台灣稻田的重要危害。

福壽螺是農人的頭號敵人，常可看到被丟棄在田埂上。

福壽螺將卵產在植物莖上，相當顯眼。

鳳凰木的花為頂生的總狀花序，花瓣鮮紅，其中一片花瓣有斑點及黃色斑塊，可能有指引蜜源的作用，雄蕊多數。

Lesson 55

100 Lessons of Taiwan's Urban Nature

6月自然課堂。

鳳凰花開

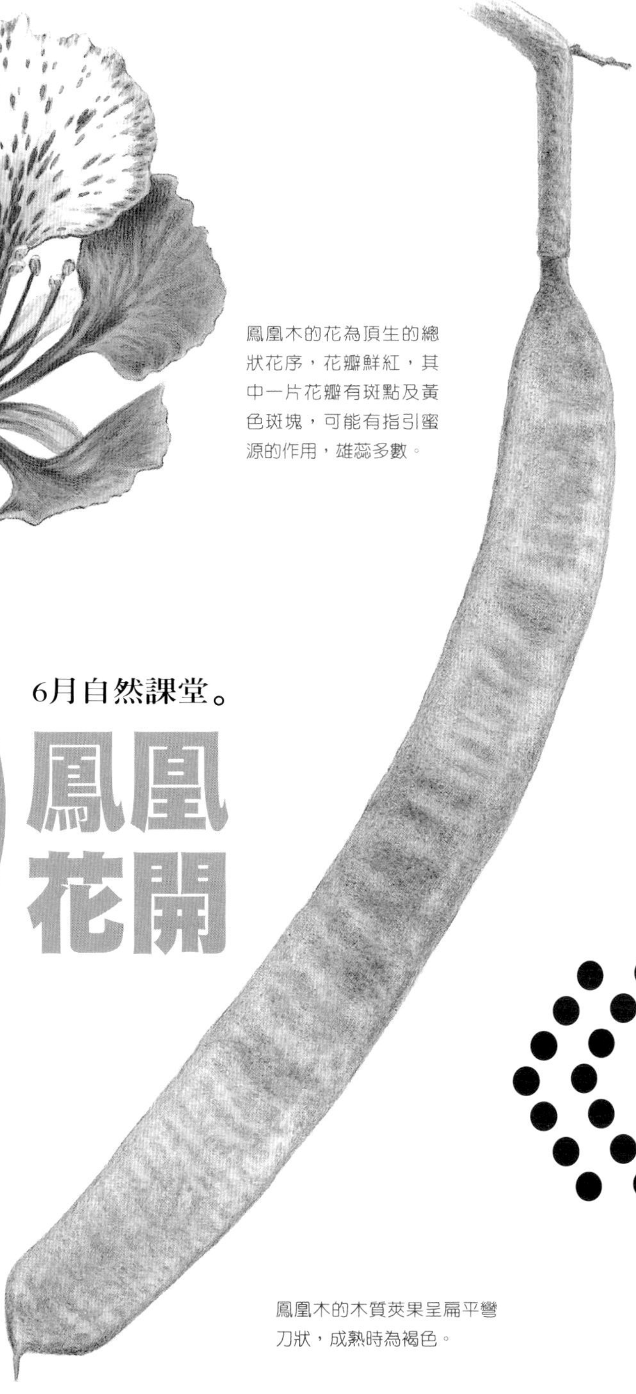

鳳凰木的木質莢果呈扁平彎刀狀，成熟時為褐色。

鳳凰木原產於非洲至東南亞一帶的熱帶地區，由於盛花期六、七月剛好是台灣學校的畢業季節，就成為高唱驪歌的最佳代表。

鳳凰木的樹型極美，呈開展的傘形，又有優異的遮蔭效果，而羽狀複葉的質感輕柔，隨風搖曳，為炎炎夏日帶來幾許涼意。鳳凰木是典型的熱帶植物，越是暖熱的天氣，花開得越是燦爛，因此台灣也以中南部的鳳凰木最為美麗。上了年紀的鳳凰木除了壯觀的樹冠之外，樹幹基部也會有發達的板根，更增美觀。

以前住的新店老家一出巷口，對面的空地上就有一棵老鳳凰木，從其老態龍鍾的姿態看來，至少已經七、八十歲，它的樹冠橫跨馬路，即使是夏天的正午走過，樹下依然一派清涼。

從高中一直到十餘年前搬到山上社區，這棵老鳳凰木早已成為生活中不可或缺的朋友，也習於每年看著它開滿紅花，然後秋冬時分掛滿彎刀般的莢果。誰知與世無爭的老鳳凰木竟然也會大禍臨頭，原本雜草叢生的空地因地目變更而成為購物中心預定地，於是屹立幾十寒暑的老鳳凰木也被一併清除。

聽到消息後回到舊居一看，只剩下孤零零的樹頭和一些殘枝落葉，真的心痛極了，撿起掉落地上的莢果，留下一絲老鳳凰木的痕跡，但它的美麗身影將永遠烙印在我的心裡。

【建議延伸閱讀：「台灣賞樹情報」】

鳳凰木盛花期是畢業季節，讓很多人有著深刻的印象。

鳳凰木火紅的花朵是夏日的色彩。

鳳凰木在秋冬時分掛滿彎刀般的莢果。

自然老師
沒教的事
Chapter 007

7月 JULY

自然課堂。

100 Lessons of Taiwan's
Urban Nature

Lesson

56

100 Lessons of
Taiwan's Urban Nature

7月自然課堂。

諸羅樹蛙

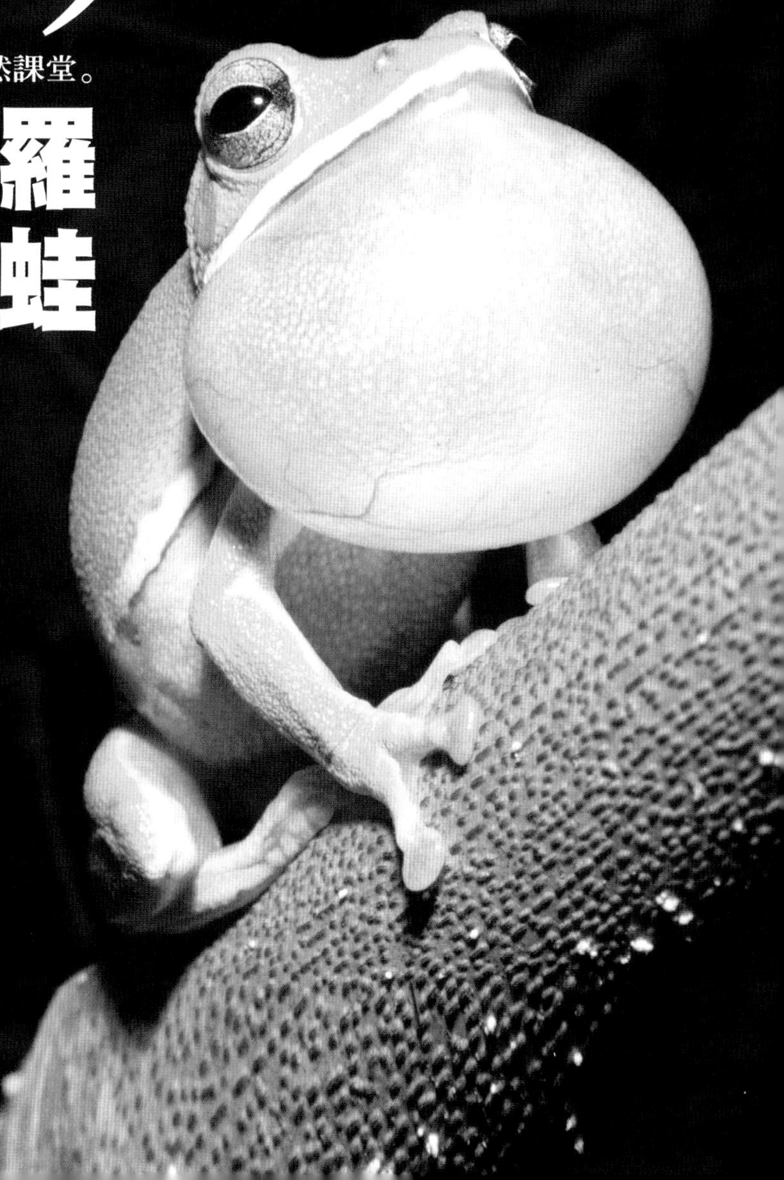

台灣特有種的諸羅樹蛙是中型的綠色樹蛙，分佈局限，目前只在農業縣市的雲嘉南地帶有發現紀錄，喜愛生活於農墾區，特別是竹林、果園或低窪積水區都比較容易聽到牠們的聲音。

諸羅樹蛙多半在春雨季節開始之後才會出現活動，繁殖季一般在6至9月間，特別是下過雷陣雨的夏夜裡，諸羅樹蛙似乎特別活躍。諸羅樹蛙很少單獨行動，出現時都是以區域族群為單位，不發現則已，有時一發現蹤跡，在單一竹林裡就可找到數量龐大的族群。

諸羅樹蛙的雄蛙喜歡爬到植物的高處鳴叫，以吸引雌蛙接近。找到雌蛙後，雌蛙會帶著雄蛙來到落葉堆的水窪濕地，產下白色卵泡，約經過兩週即可孵化為蝌蚪，雨水再將蝌蚪帶入水裡。

體色翠綠的諸羅樹蛙的側邊從嘴唇一直延伸到股間有一條白線，是牠最容易辨識的特徵之一。

【建議延伸閱讀：《台灣賞蛙記》P124~125】

諸羅樹蛙在繁殖季時會下到竹林積水處求偶產卵。

諸羅樹蛙的雌蛙比雄蛙體型大，也在樹上等待情郎。

兩隻雄諸羅樹蛙在高聲鳴叫後，針鋒相對的推擠。

諸羅樹蛙平常棲息在竹林之中。

Lesson

57

100 Lessons of Taiwan's Urban Nature

7月自然課堂。

鳳頭蒼鷹

鳳頭蒼鷹的胸部白色，有紅褐色縱斑，而腹部則密佈紅褐色橫斑。盤旋飛行時可清楚看到雙翼的斑紋，以及延伸至腰部的白色尾下覆羽。

一對鳳頭蒼鷹，左為雄鳥，右為雌鳥。

鳳頭蒼鷹又叫做「粉鳥鷹」（台語），相當生動描繪出鳳頭蒼鷹的捕食天性，大如鴿子（粉鳥）的鳥類往往也難逃其魔掌。鳳頭蒼鷹的體型在猛禽當中大概只能算是中型，但其飛行能力卓越，尤其是快速俯衝的絕技，以及尾部的靈活控制能力，讓牠們成為名副其實的「樹林殺手」。

鳳頭蒼鷹喜歡在森林活動，多半會沿著林緣地帶飛行尋覓捕食的對象，停棲時則選擇隱密但視線良好的樹枝上，一般很不容易發現牠的存在。

鳳頭蒼鷹的菜單包括小型鳥類、鼠類、蛙類、蜥蜴或大型昆蟲等，還有一些大型鳥的雛鳥，如台灣藍鵲、樹鵲或巨嘴鴉等，鳥巢一旦被鳳頭蒼鷹盯上，雛鳥的存活率將大幅下降。

在一次偶發的狀況下，一隻鳳頭蒼鷹一頭撞上鄰居家的玻璃屋，當場折斷頸椎身亡，鄰居打電話問我要不要，身為猛禽迷的我當然求之不得。於是送到哺乳動物的作者祁偉廉醫生處，請他幫我製成標本。如今這隻栩栩如生的鳳頭蒼鷹還在書房的窗前翱翔天際。

還有一次在回家的路上，社區巴士沿著山路緩緩前行，我坐在司機旁的前座，猛然間車前閃過鳳頭蒼鷹的身影，嘴裡叼著一隻青蛙，高速飛行之際差點撞上車子，幸而牠馬上拉高往上飛，剛好閃過巴士。這次的奇遇也讓我對鳳頭蒼鷹更加著迷。看來新店這一帶的低海拔樹林，鳳頭蒼鷹的現況應該相當不錯，才能一再與牠們邂逅。

【建議延伸閱讀：「野鳥放大鏡：食衣篇和住行篇】

交配中的鳳頭蒼鷹（上雄，下雌）。

鳳頭蒼鷹的幼雛體型很大，食量驚人。

黃昏時分，正在享用蛇大餐的鳳頭蒼鷹。

鳳頭蒼鷹的腰部白色尾下覆羽是牠的重要特徵。

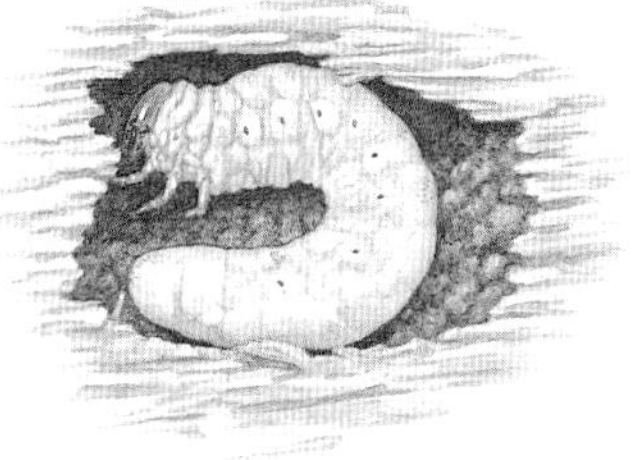

鍬形蟲的雌蟲交尾之後，會在陸續在朽木或腐植土中產卵，卵粒在1至2週內會孵化成幼蟲，幼蟲以啃食木屑為食。

Lesson

58

100 Lessons of Taiwan's Urban Nature

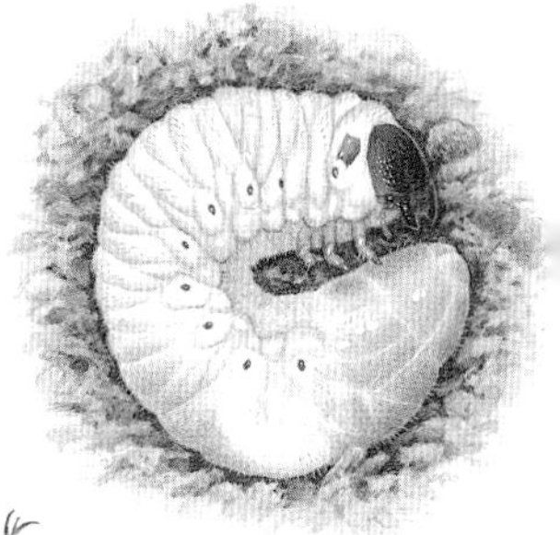

獨角仙的終齡幼蟲是幼蟲生活史當中最長的階段，肥厚的身軀已經準備妥當，邁入下一個化蛹期階段。

7月自然課堂。

獨角仙與鍬形蟲

獨角仙的雄蟲有特化的犄角，鍬形蟲雄蟲則有強壯的大顎，兩蟲相遇有如相撲比賽的激烈對決，落居下風的鍬形蟲難逃被獨角仙犄角頂走的屈辱。

對於昆蟲迷而言，獨角仙與鍬形蟲是必養的蟲蟲名單，由於繁殖、飼養容易，加上深受歡迎，現已成為完全商業化的產品，連牠們吃的食物也像貓狗飼料一樣，有現成的果凍製品可買，讓許多小朋友更是趨之若鶩，養得不亦樂乎。

其實獨角仙與鍬形蟲是台灣相當常見的甲蟲，只不過先決條件是要有樹林的環境，一般平地的都市住宅就很難看到牠們。以我住的新店山區為例，每年夏天一定看得到牠們，只是數量多寡的差別而已。

獨角仙的外型得天獨厚，那雄壯威武的犄角，宛如鐵甲武士般的造型，讓人看了不愛也難。其實獨角仙的雄蟲在短促的一生當中，最重要的任務就是找到雌蟲，順利交尾產下下一代，而交尾的前提就是要先打敗所有的競爭對象，特化的犄角便是雄蟲角逐大賽的最佳武器。不論是戰勝或失敗的獨角仙雄蟲，短暫的夏日是牠們唯一的舞台，隨著日照時間的縮短，牠們也步上生命的盡頭。我常在路旁撿到奄奄一息的獨角仙，於是將牠們帶回家安置在昆蟲箱內，用蘋果餵食，讓牠們在生命的最後階段可以稍稍享受喘息一下。生命終結之後，就將牠們移至乾燥箱內，一隻隻獨角仙標本提醒著每年美好的夏日時光。

鍬形蟲一樣常見，而且種類更多，但可能是外型跟獨角仙相較之下平淡許多，所以從來不曾動過飼養的念頭，只在樹下看看就滿足了。社區裡有許多構樹，夏天的結果期必然吸引許多鍬形蟲群聚，多汁美味的構樹果實是自然的恩賜，讓鍬形蟲可以度過一個豐厚的夏天。

【建議延伸閱讀：《甲蟲放大鏡》及《台灣甲蟲生態大圖鑑》】

獨角仙棲息在都市近郊的山區，不難看到牠的蹤跡。

獨角仙的雄蟲有特化的犄角，讓牠看起來雄壯威武。

鍬形蟲受到美味果實吸引，大快朵頤。

Lesson 59

7月自然課堂。

赤尾青竹絲與青蛇

對於蛇類，心裡的恐懼難以克服，或許是身為哺乳動物的遠古記憶使然，讓我對蛇總是敬而遠之。但住在山上社區是我們侵入了蛇的生活領域，無可避免地與蛇打照面也成為家常便飯。

可憐的是，看到的蛇大多已慘死輪下，被車子壓得扁扁的。蛇是變溫動物，特別喜歡溫暖的地方，夏天的太陽把柏油馬路曬得滾燙，到了晚上路面變得溫暖，於是許多夜行性的蛇都喜歡到馬路閒晃，一不小心就被路過的車子輾斃。每年夏天這樣的悲劇總是不停地在社區道路上演。

晝行性的青蛇是唯一讓我覺得不具威脅性的蛇類，甚至還認為全身翠綠的牠們是非常美麗的生物。只不過青蛇的長相和大家聞之色變的赤尾青竹絲有點類似，在恐懼的強化下，青蛇常成為赤尾青竹絲的代罪羔羊。其實青蛇的性情溫馴，完全沒有毒性，也沒有攻擊性，以蚯蚓和昆蟲的幼蟲為食，喜歡在白天活動，所以碰到的機會蠻多的。有一次下午散步時，剛好碰到一條青蛇正在橫越馬路，閃閃發亮的翠綠身軀，比寶石還美。怕牠碰到來車，於是我停下腳步，隔著一段距離幫牠看有無過往車輛，誰知牠也警戒地停下來，一動也不動。當時心裡真是著急，萬一車子來了就糟糕了，我又不敢向前驅趕牠，幸而只僵持了一會兒，牠終於決定繼續前行，很快鑽進草叢中。

赤尾青竹絲雖然惡名昭彰，但夜行性的牠們又加上多在樹林的枝條上活動，即使攻擊性再強，也很少有機會碰上牠們。希望青蛇不要再背負著赤尾青竹絲的原罪，而成為人類恐懼心作祟下的枉死者。

赤尾青竹絲有一雙紅色懾人的眼睛。

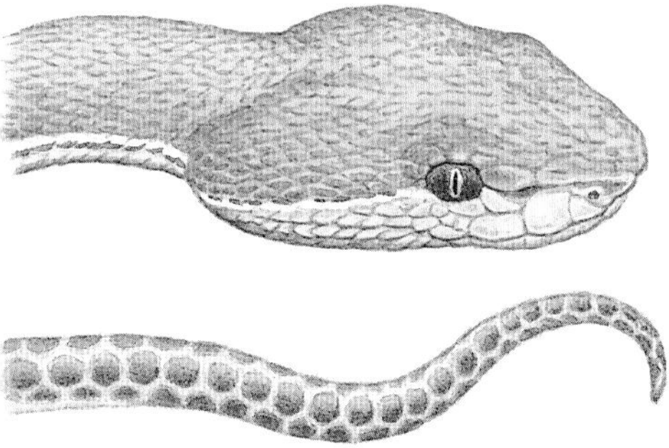

赤尾青竹絲的頭部呈三角形，眼睛和尾端為紅色，瞳孔垂直，和青蛇的外觀完全不同。

赤尾青竹絲常常捕捉蛙類為食。

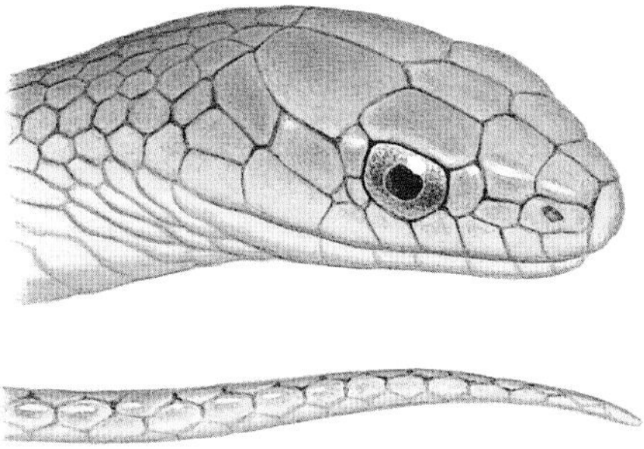

青蛇一身翠綠，就連尾部也不例外，瞳孔圓形，外表溫馴美麗。

赤尾青竹絲常以這樣姿勢一連多天在草叢中等待獵物。

青蛇的頭部橢圓，體側無白線，尾巴也是青色。

Lesson 60

7月自然課堂。

長喙天蛾

長喙天蛾的飛行方式乍看之下與蜂鳥極為類似，也難怪常有人將牠們誤認為是蜂鳥。

蜂鳥是美洲大陸才有的鳥類，體型雖小，但飛行能力卓越，吸食花蜜時常採定點飛行方式，與直昇機的飛行有異曲同工之妙。

長喙天蛾會一邊拍翅飛行，一邊伸長口器吸食花蜜。

第一次看到長喙天蛾，大概是在十餘年前剛搬到山上社區，每年夏天的傍晚在花園裡澆水，就看到一隻隻小小直昇機，定在花叢前吸食花蜜，乍看之下，會誤以為是蜂鳥吸花蜜，但我也知道蜂鳥是美洲新大陸才有的生物，怎麼可能跑到台灣？仔細一瞧，才看出是一隻隻全身毛茸茸的蛾類，正伸出特長的口器吸取花蜜。

長喙天蛾特別喜歡在清晨或黃昏時訪花，只要注意季節和時間，在花叢前不難發現牠們的蹤影。長喙天蛾吸食花蜜時，並不像一般訪花的昆蟲直接停棲在花朵上，而是靈活地協調前後翅的振動，以在空中定點短暫停留，然後伸出長長的口器吸食花蜜。最有趣的是，長喙天蛾在空中還能前後左右移動位置，完全不需轉身，這種定點飛行的能力足以媲美蜂鳥。也難怪許多第一次看到長喙天蛾的人，總是驚呼牠們為蜂鳥。

長喙天蛾吸食花蜜時，會靈活地協調前後翅的振動，以在空中定點短暫停留，然後伸出長長的口器吸食花蜜。

Lesson 61

7月自然課堂。

賞蓮季節

荷花的葉片是挺水性，花朵中央有膨大的蓮蓬狀子房構造。睡蓮的葉片是浮水性，花朵中央為多數雄蕊。

夏天是欣賞水生植物的好季節，一方面水有清涼消暑的功效，再加上綠油油的植物，總有種透心涼的快感。其中最受人們歡迎的自然就屬荷花〔又稱蓮花〕和睡蓮，如台北植物園裡的荷花池，台南縣白河鎮荷花的大規模栽培和推廣，都成為賞蓮季節的熱門主角。

荷花和睡蓮其實是不同科的植物，只因外觀神似，於是大家都把它們混為一談。荷花和睡蓮最容易區別的特徵之一，是葉片的挺水性和浮水性，荷花的葉子高高挺出水面，隨風搖曳生姿，煞是美麗。而睡蓮的葉片則是漂浮水面，一片片平貼著水平面，和荷花完全不同。

仔細看看兩者的花朵也有很大的差別，睡蓮花朵的中心為多數雄蕊，而荷花的中心則有一蓮蓬狀的子房構造，即日後荷花凋謝後結出蓮子的部位。同時荷花還有發達肥厚的地下莖，也就是我們經常食用的蓮藕。荷花幾乎全身都是寶，只是它的部位幾乎都冠以「蓮」之名，以蓮花稱呼它們應該比較妥當，但又很容易跟觀賞用的睡蓮混為一談。無論如何，趁著賞蓮季節的到來，不妨好好欣賞一下荷花和睡蓮之美，也不要忘了享用蓮花大餐。

睡蓮花朵的中心多數為雄蕊。

睡蓮花型、花朵色彩非常多變，是普遍的園藝植物。

睡蓮葉片平貼著水平面生長，和挺水的荷花完全不同。

台北植物園裡著名的荷花池是欣賞荷花的好地方。

Lesson

62

7月自然課堂。

蟋蟀與螽斯

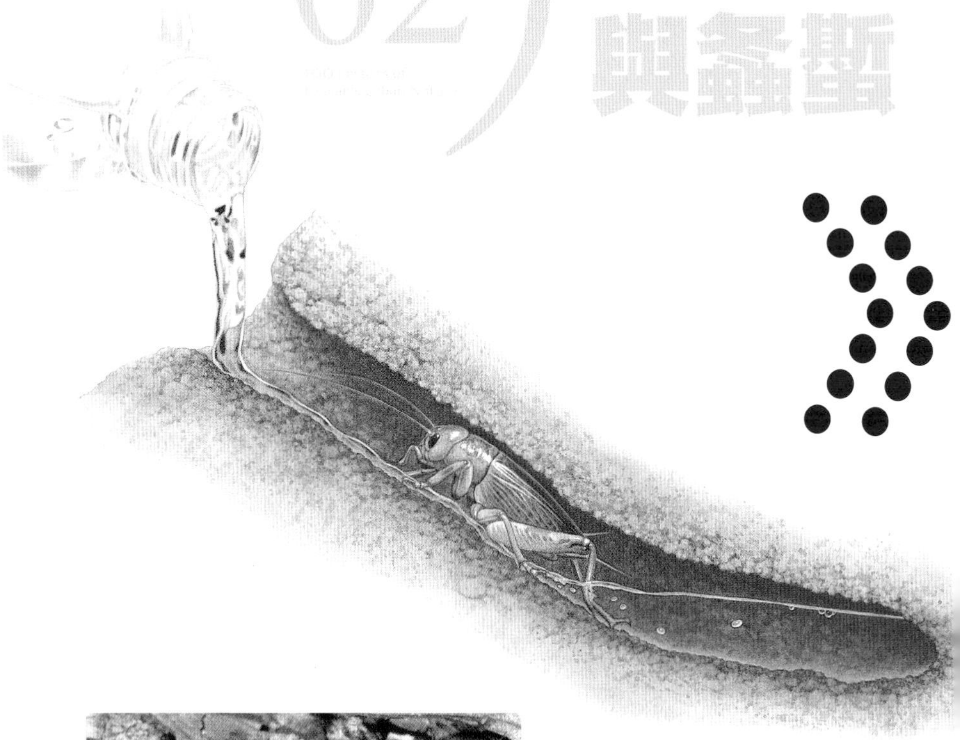

夏夜裡的蟋蟀鳴聲，是人類對自然的鄉愁。

「灌肚猴」〔台語〕是台灣中南部鄉村小孩最愛的戶外活動之一，體型碩大的台灣大蟋蟀有掘洞而居的習性，躲在洞裡根本捉不到，於是聰明的孩子就用水灌注到洞裡，台灣大蟋蟀受不了跑到洞口，就可以手到擒來。

夏天的夜裡，戶外比室內涼爽，如果再加上徐徐涼風，真的讓人不想回到屋裡。每次帶著狗在社區裡漫步，草叢或樹林總不時傳來各式各樣的蟲鳴，雖然夜裡視線不佳，很難驗明正身，但鳴蟲的聲音已是無上的享受，讓人暑氣全消。

台灣的鳴蟲種類很多，其中以直翅目的蟋蟀和螽蟴居多，有人稱牠們是大自然的弦樂家，倒是頗為貼切。

蟋蟀和螽蟴的聲音是由左右前翅相互摩擦而發出的，大多是為了求偶、爭地盤或警戒等目的，畢竟牠們活動的時間都在晚上，不借助聲音是很難找到另一半的。

每一種鳴蟲發出的鳴聲都有獨特的聲譜和頻率，只是很難用言語清楚描繪這些鳴聲的特色，不過夏夜裡蟋蟀和螽蟴的聲音早已是生活裡不可分割的部份。

中南部鄉下地方可能蟋蟀很多，有些地方的鄉土料理甚至還有炸蟋蟀這一道菜。台語裡有一句「灌肚猴」，是用來形容喝水喝得又急又狼狽的模樣，後來才知道原來這句話的源起是指用水灌注蟋蟀的洞，然後守株待兔就可以捉到跑出來的台灣大蟋蟀。生活在台北的都市孩子大概很難有機會體驗「灌肚猴」的樂趣，有機會到中南部一遊，不妨一試。

【建議延伸閱讀：「鳴蟲音樂國」與「瓶罐蟋蟀」】

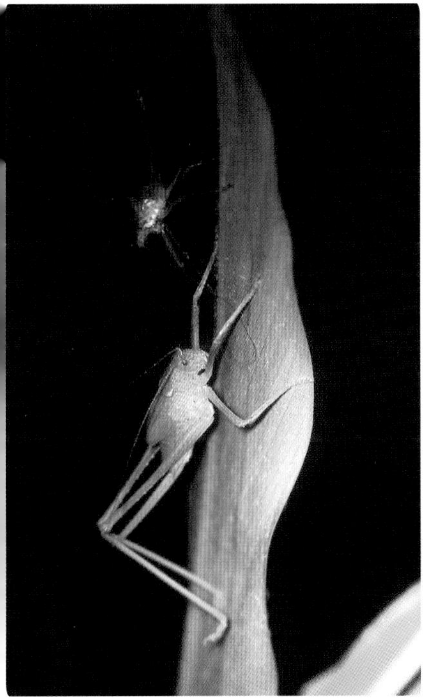

螽蟴脫皮的過程在夜間才可以觀察得到。

台灣騷蟴吵雜的叫聲在夏夜裡令人十分難忘。

台灣擬騷蟴也是常見的夜行昆蟲。

紋白蝶喜歡產卵在十字花科的植株上，以一次一顆的方式產卵。

紋白蝶的蛹，大小約18mm。

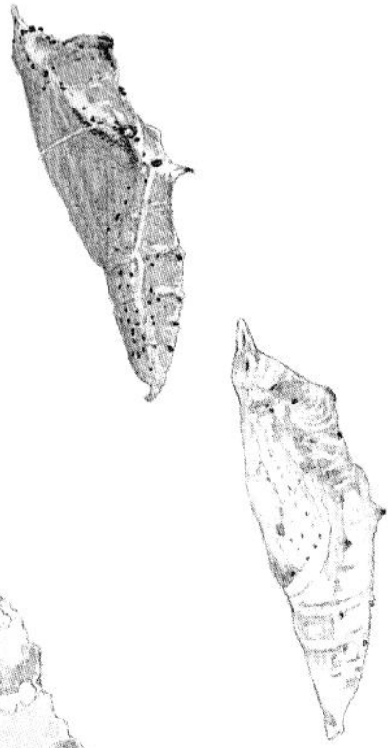

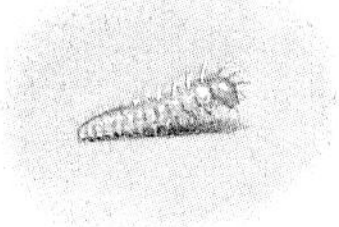

紋白蝶的一齡幼蟲（大小約5mm）。

紋白蝶的二齡幼蟲（大小約15mm）與終齡幼蟲（大小約30mm）常將青菜的葉片吃得只剩下葉脈，是標準的大胃王。

Lesson 63

7月自然課堂。

菜園裡的紋白蝶

化蛹而出的紋白蝶成蟲，屬小型粉蝶。

紋白蝶是台灣最常見的蝴蝶，尤其喜愛在十字花科的蔬菜上產卵，所以大多出現在菜園裡。雖然紋白蝶的外表淡雅秀麗，但種菜的農夫可是一點都不喜歡看到牠們，因為牠們專挑高麗菜、小白菜等葉菜類產卵，一旦孵化出綠色的幼蟲，這些可怕的大胃王會不停地啃食葉片，直到剩下葉脈為止。在幼蟲的四次蛻皮過程裡，牠們就是不停地吃，到化蛹之後才停止，而那些被紋白蝶寄生的葉菜類，早已被啃食得體無完膚，根本沒有販賣的價值。

紋白蝶雖是十字花科葉菜類的大害蟲，但對於油菜的授粉卻是不可或缺的蟲媒，油菜的花朵經過紋白蝶造訪，才能順利結出可供榨油的種子。

想要在家裡觀察紋白蝶的完整生活史，其實一點都不難，只要在有日照的陽台或花園，用盆子栽種小白菜，不久就可看到紋白蝶的造訪，接下來就可以看到紋白蝶從卵、幼蟲、蛹到成蟲的完整過程。

被紋白蝶寄生的葉菜類，常遭啃食得體無完膚。

紋白蝶是台灣最常見的蝴蝶。

四處訪花的紋白蝶。

Lesson 64

7月自然課堂。

蝗蟲

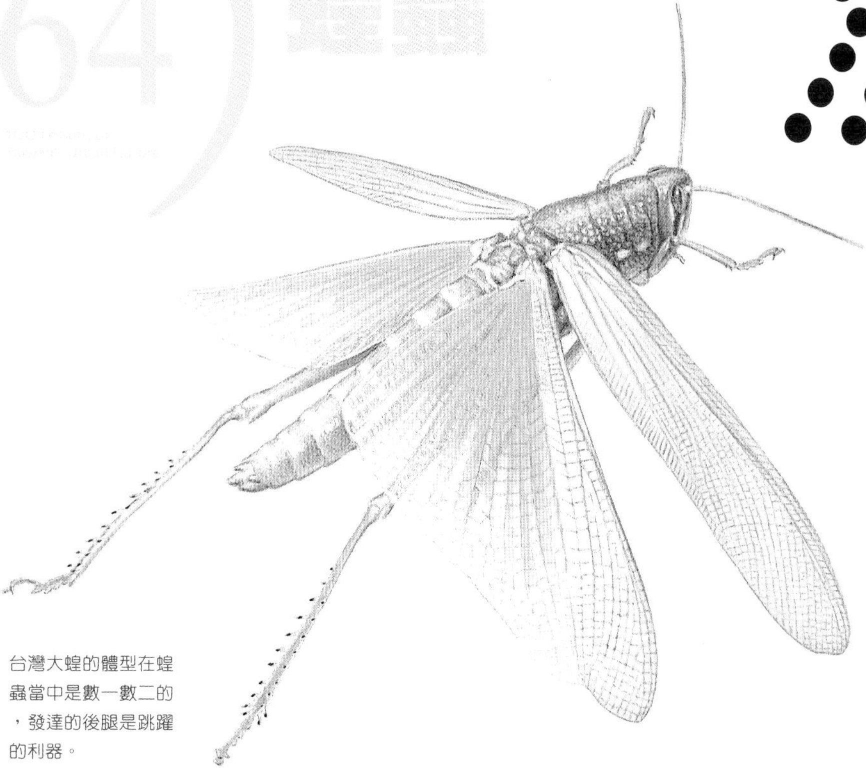

台灣大蝗的體型在蝗蟲當中是數一數二的，發達的後腿是跳躍的利器。

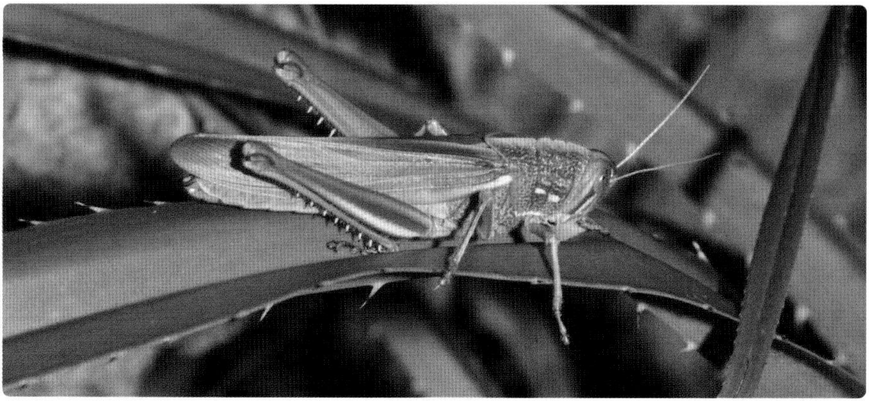

 台灣大蝗的主要食物是植物，而且大多不挑食，什麼植物都可以吃。

蝗蟲俗稱蚱蜢，是相當常見的昆蟲，也是許多小孩最喜歡的昆蟲之一。不論是哪一種蝗蟲，牠們的共同特徵就是那一對發達的後腿，顯見其跳躍能力十分優越。

蝗蟲的主要食物是植物，而且大多不挑食，什麼植物都可以吃，蝗蟲發達的大顎方便牠們啃食植物的葉片。由於蝗蟲大多在植物上活動，所以牠們的體色幾乎清一色是綠色系或褐色系，可以發揮很好的保護色效果，不仔細找，根本看不到牠們。

山上社區多的是蝗蟲，有時走過草叢，就可看到許多蝗蟲和蟋蟀急急忙忙四處竄逃。其中最引人注目的是鮮綠色的台灣大蝗，其體型碩大，算得上是蝗蟲裡的巨無霸，不管是在五節芒或其它植物身上，遠遠就可以看到牠們。台灣大蝗的膽子很大，不像其它蝗蟲，只要有人影就四處亂竄，台灣大蝗多半會靜觀其變，除非真的感受到威脅才會一躍而去。台灣大蝗是許多鳥類喜愛的食物之一，曾經多次目睹紅隼定點高掛天空，活像個風箏般隨風擺動，直到牠鎖定獵物之後，才會快速俯衝而下，通常是手到擒來，而台灣大蝗往往就淪為紅隼的盤中飧了。

正在交配中的台灣大蝗。

台灣大蝗的頭部特寫。

正在交配中的瘤喉蝗。

自然老師沒教的事

Chapter 008

8月 AUGUST

自然課堂。

100 Lessons of Taiwan's Urban Nature

Lesson

65

100 Lessons of
Taiwan's Urban Nature

8月自然課堂。

野薑花

喜歡潮溼環境的野薑花
常成片長在河谷旁。

花朵潔白如雪的野薑花是台灣夏天常見的野花，在低海拔山區經常成片生長在水邊，它的花朵碩大，而且最難能可貴的是還帶有優雅迷人的香氣，花型酷似停棲在綠葉上的白蝴蝶，所以又名「蝴蝶薑」，植物學上的正式名稱則是「穗花山奈」。

野薑花的花期很長，春天快要結束時開始綻放，然後一直開到初冬，是欣賞期超長的野花。其塊狀地下莖蔓延生長快速，常一大片長在陰濕的溝渠或步道旁，有時家裡剛好要請人吃飯，就到步道旁摘些新鮮的野薑花，有些放在漂亮的水杯裡，有些則做為盤邊的裝飾品，屋裡充滿了野薑花濃郁的香氣，是台灣夏天最美的味道，總是可以讓賓主盡歡。

以前做雜誌採訪工作時，曾做過花食的特別報導，其中一位老師示範了野薑花的料理，讓我印象最深的是將野薑花花朵油炸成日式的天婦羅，吃在嘴裡滿口芳香，那種香氣一生難忘。或許是當時的感官震撼過於深刻，日後即使每年夏天都有野薑花盛放，但我從未嘗試拿來入菜，深怕毀了那美好的味覺和嗅覺記憶，曾經嘗過一次已是心滿意足。

【建議延伸閱讀：『台灣野花365天』秋冬篇P17】

野薑花的花期很長，春天末開始綻放，一直開到初冬。

野薑花常一大片長在陰濕的溝渠或步道旁。

花酷似停棲在綠葉上的白蝴蝶，所以又名「蝴蝶薑」。

Lesson 66

100 Lessons of Taiwan's Urban Nature

8月自然課堂。

大白斑蝶

大白斑蝶的體型碩大，飛行緩慢，經常平展翅膀盤旋遨遊花叢間，加上不太容易受到驚擾，所以很容易被人徒手捉取，也因此常被叫做「大笨蝶」。

夏天來到墾丁一遊，很容易看到大白斑蝶，數量極多，是恆春半島重要的夏日自然景觀。大白斑蝶的飛行方式看起來很像是我們放的風箏，英文俗名「紙風箏」取得既貼切又容易記憶。即使走在大白斑蝶身旁，牠們還是一派悠閒，緩緩飛行，一點都不會受到人們的干擾，這樣的特性讓大白斑蝶成為最適合入門者欣賞的蝴蝶。

大白斑蝶的幼蟲食草是夾竹桃科的爬森藤，其毒性會累積在幼蟲體內，而對幼蟲形成天然的保護作用，一般喜愛捕食蝴蝶幼蟲的天敵，都會對斑蝶的幼蟲敬而遠之。大白斑蝶的成蝶體內也一樣含有毒性，因此少有天敵捕食，這應該也是大白斑蝶可以有恃無恐緩慢飛行的重要原因吧。

【建議延伸閱讀：《台灣蝴蝶食草與蜜源植物大圖鑑》】

大白斑蝶是非常容易親近的賞蝶入門蝶種。

體型碩大的大白斑蝶，英文俗名「紙風箏」。

大白斑蝶的體型碩大，飛行緩慢，經常緩慢盤旋遨遊花叢間。

Lesson 67

100 Lessons of Taiwan's Urban Nature

8月自然課堂。

人面蜘蛛

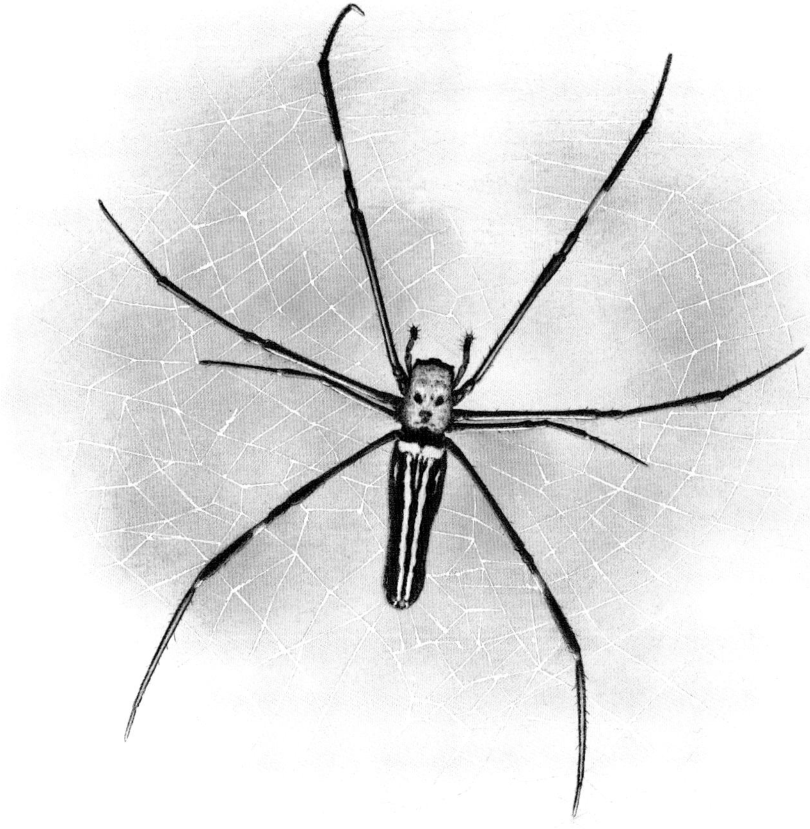

人面蜘蛛的體型不小，尤其是背面的鮮豔斑紋，看起來宛如一張鬼臉，高掛樹叢間，頗有震撼效果。

蜘蛛一直是引人遐思的神秘動物，一方面讓人恐懼厭惡，另一方面卻也對牠們感到無比好奇。蜘蛛的生活型態多樣，並不是每一種蜘蛛都結網，但無疑的是，結網性的蜘蛛反而是比較容易發現的種類，各式各樣的蛛網堪稱是大自然的傑作。

最喜歡一大清早欣賞蜘蛛網，沾滿露水的蜘蛛網宛如大自然的珠寶箱，一顆顆晶瑩剔透的小露珠掛在蛛網上，看起來就像是美豔絕倫的珍珠，比世上任何一條項鍊還美。有時公園的草地上也可看到帳篷似的蛛網，複雜的結構讓人想一探究竟。

在山上社區的住家附近很容易找到人面蜘蛛的蛛網，像我的小花園裡就固定住著幾隻人面蜘蛛，好像各有各的地盤，河水不犯井水，有的掛在櫻花樹間，有的則選擇肖楠旁棲身，每回澆水時總要小心避開蛛網，免得牠們珍貴的蛛絲黏在我身上，那可就暴殄天物了。

曾在社區道路旁的樹叢間看到成排並列的人面蜘蛛，那種景象十分有趣。每一個蛛網都壁壘分明，與另一個蛛網隔著一棵樹，一隻隻人面蜘蛛掛在正中央，耐心守候食物上門。大概是那路段「守網待蟲」的成果豐碩，才會吸引這麼多人面蜘蛛在此吐絲結網。

一般我們看到的人面蜘蛛都是雌蛛，牠們會散發性費洛蒙以吸引雄蛛前來蛛網，這種高效率的尋偶方式往往同時吸引數隻雄蛛，於是雄蛛要先展開決鬥才能爭取與雌蛛交尾的機會，通常以體型大的雄蛛比較佔優勢。人面蜘蛛到了冬天就不見蹤影，要到春天三月天氣回暖之後，才會重新看到牠們高掛蛛網的酷模樣。

【建議延伸閱讀：『朱耀沂之蜘蛛博物學』】

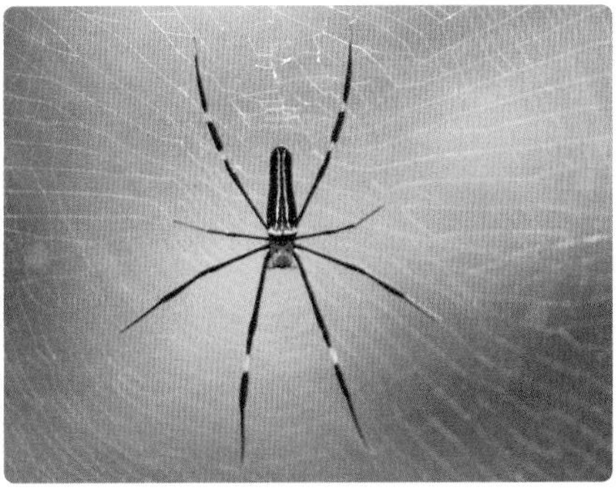

人面蜘蛛掛在大網正中央，耐心守候食物上門。

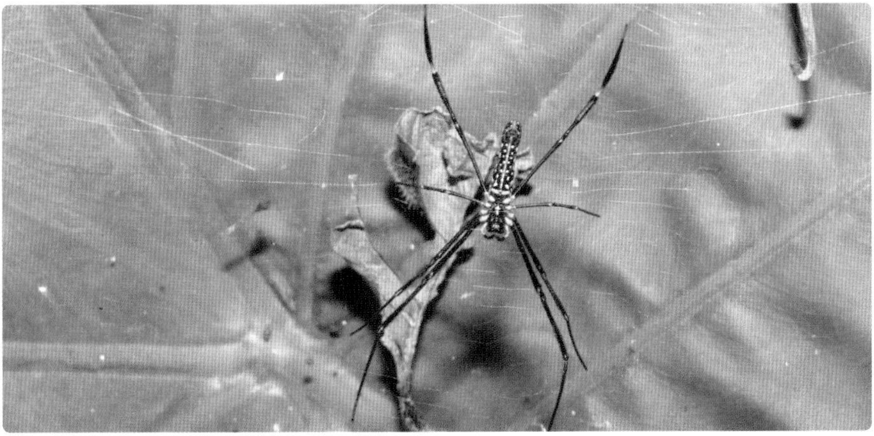

人面蜘蛛有著色彩鮮豔的身體背面。

Lesson 68

100 Lessons of Taiwan Urban Nature

8月自然課堂。

夏日蟬鳴

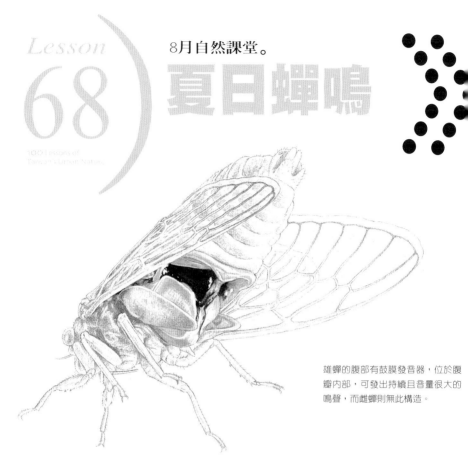

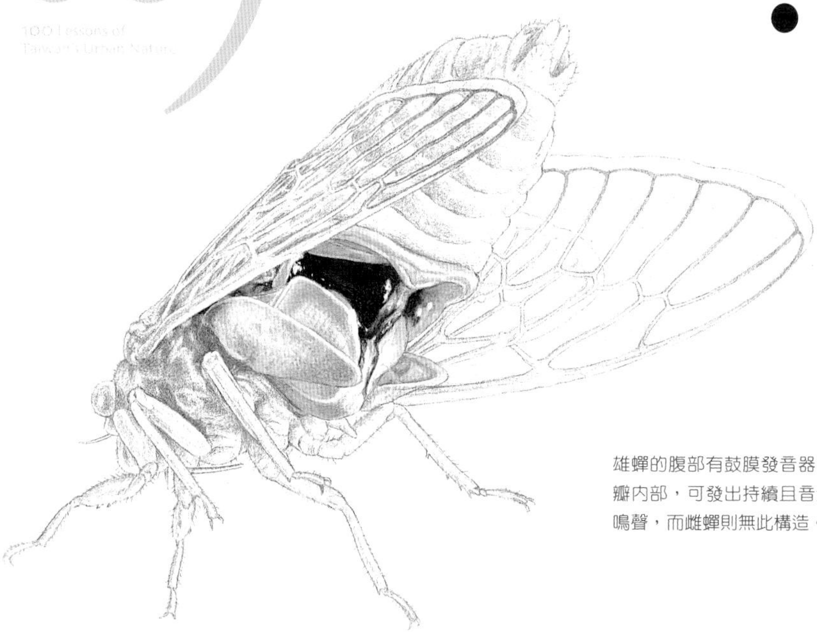

雄蟬的腹部有鼓膜發音器，位於腹瓣內部，可發出持續且音量很大的鳴聲，而雌蟬則無此構造。

台灣夏天的自然盛宴之一，若單以聽覺而論，蟬鳴應是首屈一指的。從小聽到大的蟬鳴，和炎熱的氣溫、昏昏欲睡的午後，一起構成了夏天的印象，這種烙印深植心中，每每在電影的場景中重新勾起回憶，這才恍然大悟，原來夏天印象的背景聲音蟬鳴早已成為許多人不可抹煞的鄉愁。

十多年前搬到新店山上，童年的鄉愁成了每年的聲音饗宴，只要聽到蟬鳴，就知道夏天到了。蟬的聲音響亮，大概很少人不知道這一類的昆蟲，但牠們大多藏身樹林深處，很難親眼目睹其廬山真面目，反而聲音成為大家熟悉的媒介。

最愛在黃昏之前來到社區的山谷前，往下俯看滿山滿谷的低海拔森林，美得如夢似幻，再加上齊鳴的蟬聲大合奏，在山谷間迴盪不已，我彷彿是交響樂團的總指揮，與蟬一起演奏出最震撼人心的交響樂。太陽西沉後，聲嘶力竭的蟬才逐漸歇息，山林的舞台將交給夜間的鳴蟲接棒。

雄蟬的鳴叫是為了尋覓伴侶，牠們羽化之後的短暫生命就為了繁衍下一代，高歌之後不管有沒有和雌蟬交尾，時候到了，生命也隨之終結，但雄蟬的生命之歌卻永遠在台灣的山林間迴旋。

【建議延伸閱讀：『台灣賞蟬圖鑑』】

正在鳴叫的暮蟬。

只有做夜間觀察，才有機會目睹蟬的羽化過程。

紅脈熊蟬的蟬蛻。

這隻蟬剛羽化就被掠食者啄咬，一點反抗能力也沒有。

正在樹上大唱情歌的紅脈熊蟬。

擁有雙鳴囊的貢德氏赤蛙叫聲響亮，有如狗吠，常常造成誤會。

Lesson

69

100 Lessons of Taiwan's Urban Nature

8月自然課堂。

貢德氏赤蛙

貢德氏赤蛙是夏天常見的蛙類，但牠們生性害羞，多半只聞其聲而難見其影。貢德氏赤蛙的聲音響亮，很像狗吠聲，和其它蛙類的叫聲截然不同，十分容易辨識。

貢德氏赤蛙的體型很大，雌蛙可達10公分左右，雄蛙則略小，牠們多半在靜水區域活動，如水溝、蓄水池或稻田等，夏天的夜裡很容易聽到牠們低沉的狗吠聲。貢德氏赤蛙的食量驚人，對農人而言，是不可多得的害蟲剋星，但農藥和化學藥劑的施用對貢德氏赤蛙傷害很大，現在只有在少藥害的農田才看得到牠們。

在我住的山上社區裡，貢德氏赤蛙的叫聲是熟悉的夏夜之聲，晚上散步時一定聽得到，常和腹斑蛙的「給、給、給」鳴聲以及白頷樹蛙的敲竹竿聲音一起大合唱，熱鬧好聽極了。山上許多房子是度假用的，平常都沒人，這些聰明的蛙兒就利用空屋花園裡的池塘，趕緊完成終身大事。

【建議延伸閱讀：『台灣賞蛙記』P110~111】

貢德氏赤蛙生性機警，一感覺不對，馬上躲入水中。

近似種腹斑蛙鼓膜四周無白邊，且背上具有背中線。

貢德氏赤蛙是中型的赤蛙，鼓膜四周的白色邊框是牠的辨識特徵之一。

麻雀白色的臉頰有清楚的黑斑，是平地最常見的鳥類，喜成群活動。

綠繡眼白色的眼環是大家都知道的特徵，體型嬌小，成群呼嘯而過，聲勢還是頗驚人的。

Lesson 70

100 Lessons of Taiwan's Urban Nature

白頭翁的體型是都市三俠當中最大的，最明顯的特徵就是頭上的白色斑塊，遠遠就可清楚辨認。其鳴聲婉轉多變，還會模仿其它鳥類的叫聲。

8月自然課堂。

都市三俠

白頭翁、綠繡眼和麻雀號稱是鳥類中的「都市三俠」，從這個名稱不難知道牠們對都市環境適應良好，是非常容易看到的鳥類。

以我住的社區來說，是典型的低海拔人工環境，海拔約三、四百公尺，完全看不到麻雀，但白頭翁和綠繡眼則一年四季都看得到。春至夏季是白頭翁和綠繡眼的繁殖季節，常常看到牠們忙進忙出，不過兩者的習性差別很大。白頭翁不會成群活動，多半在樹木上層，繁殖期間公鳥的鳴聲花樣很多，不像平常的聒噪叫聲，常讓我誤以為是別的山鳥，拿起望遠鏡才知道又被白頭翁騙了。綠繡眼則多半成群活動，清晨和黃昏是牠們活動的高峰，成群呼嘯而過，發出一致的口哨聲，聲勢頗為驚人。花園裡的山櫻花不論是花蜜或果實都是牠們的最愛，而且牠們也喜歡在山櫻花茂密的枝葉間築巢。

至於麻雀，平地環境似乎才是牠們的最愛，敦化南路的樟樹安全島上，到處都是麻雀，忙著在地上覓食，有時還看到牠們在沙地上洗沙浴，在旁一起活動的多半是珠頸斑鳩或是一些鴿子。

都市環境裡還好看得到這些適應良好的鳥類，讓冰冷的水泥叢林多了一些生命的溫度，也像是開了一扇自然的小窗，讓都市人可以一窺大自然的美好生命。

平地環境是麻雀的最愛，是都市裡最常見的鳥類。

麻雀親鳥正在餵食已經離巢的幼鳥。

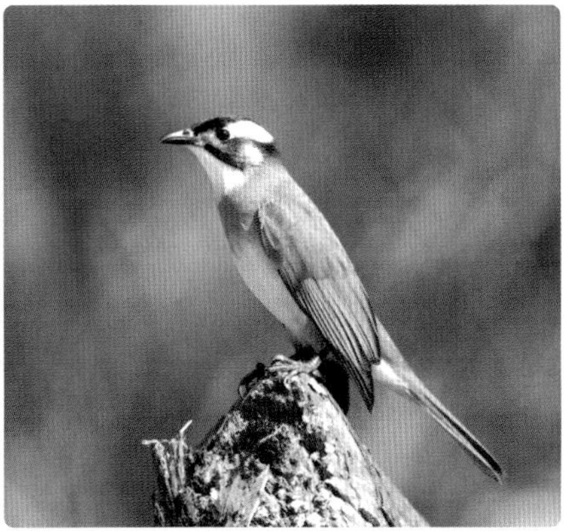

獨行俠的白頭翁較不會成群活動。

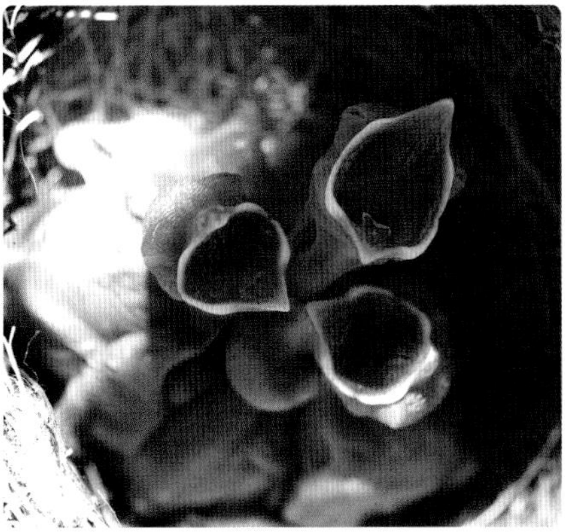

白頭翁常將巢築在行道樹上，很容易就能觀察牠們繁殖。

體型嬌小、保護色極佳的綠繡眼常躲在樹叢中。

綠繡眼常把小小的巢築在花園裡的樹上。

白頭翁築巢在攝影師位在台北市的四層公寓樓頂花園樹上，是個就近觀察白頭翁繁殖與育雛的絕佳機會。

Lesson

71

100 Lessons of
Taiwan's Urban Nature

刺莓的花朵為典型的薔薇科特徵，白色花瓣5片，雄蕊多數。

8月自然課堂。

誘人刺莓

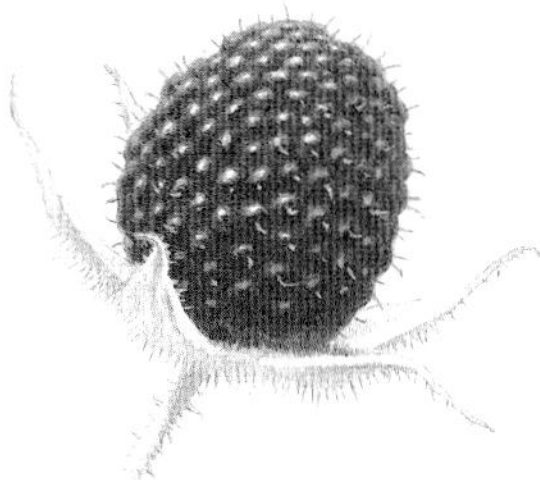

刺莓的果實是典型的懸鉤子果實，由許多小果組成的漿果，味道酸甜有勁，看起來有點像縮小的草莓。

看到刺莓的小白花就可以期待離結果時節不遠。

懸鉤子屬的刺莓果實嬌豔誘人，但別忘了植株上有刺。

刺莓是低海拔山區常見的灌木，全株長有倒鉤刺，和嬌柔的白花、紅豔的果實，完全不搭調。

想要採食酸甜有勁的刺莓果實，可要有點耐心，千萬不要「吃快弄破碗」，刺莓的刺可是一點都輕忽不得的。

刺莓為薔薇科懸鉤子屬的植物，從花朵可以看到典型的薔薇科特徵，果實則是由多數小果組成的漿果，和許多懸鉤子都非常類似。

刺莓的果實不僅人類愛吃，其實也是許多鳥類、昆蟲或小動物的重要食物來源，找到它們的果實，淺嘗即可，別忘了留給那些真正需要它們的動物。

【建議延伸閱讀：「台灣野花365天：秋冬篇P178】

Lesson 72

100 Lessons of Taiwan's Urban Nature

8月自然課堂。

桑椹

小葉桑的雄花序。

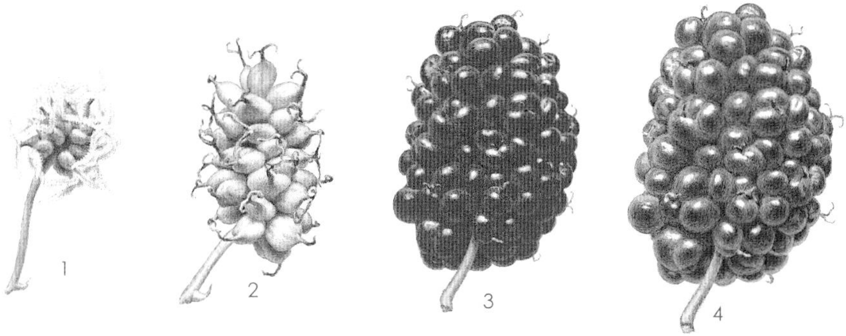

1.桑椹的雌花具有多數雌蕊（心皮），每一心皮均能發育為小果。

2.小果逐漸膨大中。

3.日漸飽滿成熟的小果集合成我們熟悉的桑椹果實。

4.成熟的桑椹果實呈紫黑色，讓人垂涎三尺。

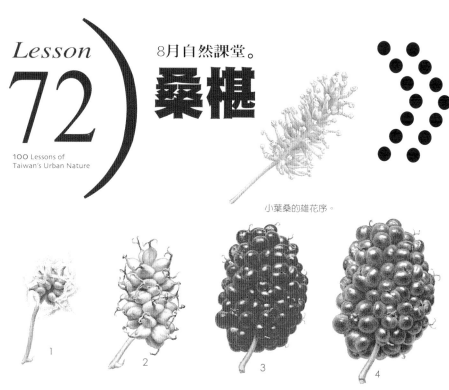

夏天的桑椹盛宴，不僅是人類味覺上的享受，也是視覺上的美好經驗。

夏天的桑椹盛宴，不僅是人類味覺上的享受，也是視覺上的美好經驗，特別是結了滿樹果實，因成熟度不同所呈現的色差，反而成了色彩的盛宴，讓人目不暇給。

記得以前小學時養蠶寶寶，桑葉一葉難求，還要跟販賣蠶寶寶的小販購買，蠶寶寶的食量又超大無比，沒幾天就吃完了，那一陣子省吃節用都是為了買桑葉。

搬到山上後看到滿山遍野的桑椹，又想起兒時買桑葉的事，那時真是典型的台北都市小孩，完全不知道桑葉就在身邊。只是現在桑葉供應無所匱乏，我卻已經沒有養蠶寶寶的興致了。桑椹生吃酸酸甜甜的，很多人喜歡將它做成桑椹果醬，可以保存很久，生產旺季時市場也有小販賣桑椹果汁，味道也不錯，只是不能久放。

雖然山上小葉桑結果豐盛，但我始終不曾動念採果，還是留給小鳥、昆蟲或其它小動物吧，畢竟這場果實盛宴是為牠們而生，人類的食物已經夠多了，何苦再與牠們競食？用眼睛欣賞桑椹果實的變化，應該會比吃下肚的短暫滋味更好吧。

桑椹因成熟度不同所呈現的色差，讓人目不暇給。

紫黑色的成熟桑椹果實，讓人食指大動，吃起來酸酸甜甜的，它還可以製成果醬。

Lesson 73

100 Lessons of Taiwan's Urban Nature

8月自然課堂。

居家附近的蕨類

台灣優越的地理位置和多樣的生態環境，讓植物相豐富而多變，其中蕨類就是十分具代表性的植物之一，和昆蟲裡的蝴蝶一樣，台灣也因為豐富多樣的蕨類資源而贏得「蕨類王國」的稱號。

其中低海拔山區雖然早經開發數百年，但蕨類依然興盛，不論陰濕的地面或是附生的樹幹上，到處都是蕨的家園。蕨類的外型也各異其趣，也難怪很早就被引進家裡，成為備受歡迎的室內植物。

例如深受喜愛的鐵線蕨，柔和的葉片和黑色的莖，放在室內有絕佳的佈置效果，其實它們是原生於陰濕的山壁，要濕度極高但通風良好的環境才能生長良好。還有這幾年成為野菜主流之一的山蘇，又稱為鳥巢蕨，原是附生於樹幹上的蕨類，常與蘭花一起棲身於樹上，現在已成為普遍的室內植物，而「山蘇炒小魚乾」也早已正式列入餐館的菜單。

要觀察蕨類並不難，只要在路邊的牆角縫隙就能找到。

腎蕨因為有匍匐莖，因此常成群生長。

鐵線蕨柔和的葉片搭上黑色的莖讓它十分受歡迎。

假蹄蓋蕨是街道、巷弄間常見的蕨類。

我的花園除了幾棵會開花的樹木之外，地面上都是一些蕨類，包括腎蕨、鳳尾蕨等，還有一株從媽媽家的樹上移來的小山蘇，種在地面上，十餘年下來長成巨無霸。山上的氣候原本就非常適合蕨類，於是我的花園就在完全的放任下，自成一個蕨類樂園，蕨類的生長優勢贏過一般的單子葉或雙子葉雜草，反而讓我完全沒有除草的煩惱。

黑冠麻鷺的適應力極強，一到繁殖季節，常可見到母鳥育雛的畫面。

Lesson

74

100 Lessons of Taiwan's Urban Nature

8月自然課堂。

黑冠麻鷺

行蹤一向隱密的黑冠麻鷺，想要親眼目睹是非常不容易的事，也難怪當時在台北植物園發現黑冠麻鷺，會成為轟動一時的賞鳥盛事。

黑冠麻鷺的身體色調多為褐色系，如果靜止不動，在陰暗的林下是有極佳的隱匿效果，牠們的數量其實不少，只是常單獨行動，加上又多半安靜隱密地在林下陰暗處覓食，也難怪很少人看過牠們。

黑冠麻鷺的雄鳥外表不凡，黑色的頭部有一明顯羽冠，受到驚擾時才會將羽冠豎起。另外嘴基、眼先和眼環為淡藍色，不過到了繁殖期就會轉變成鮮豔的深藍色，讓黑冠麻鷺的臉部更形突出。

夏天晚上牽狗散步，走到靠近原始樹林的地帶，常被一兩聲短促的「啊、啊」聲嚇一大跳，晚上聽起來格外淒厲，後來才知道那原來就是黑冠麻鷺的叫聲，看來山上的黑冠麻鷺還頗為普遍。

黑冠麻鷺的黑色頭部向後延伸，有一明顯羽冠，嘴基、眼先及眼環為鮮豔的藍色。頭部粗短，身體多呈褐色，但有許多小小的白點和細紋。

黑冠麻鷺常躲藏在幽暗的林子中覓食，在國外被視為稀有鳥類的牠，卻在台灣許多都會公園都可以看到。

育雛中的黑冠麻鷺見到松鼠跳到巢前的樹幹上，立刻伸長脖子、豎起羽毛並張大嘴巴警戒。

自然老師沒教的事
Chapter 009

9月 SEPTEMBER
自然課堂。

100 Lessons of Taiwan's Urban Nature

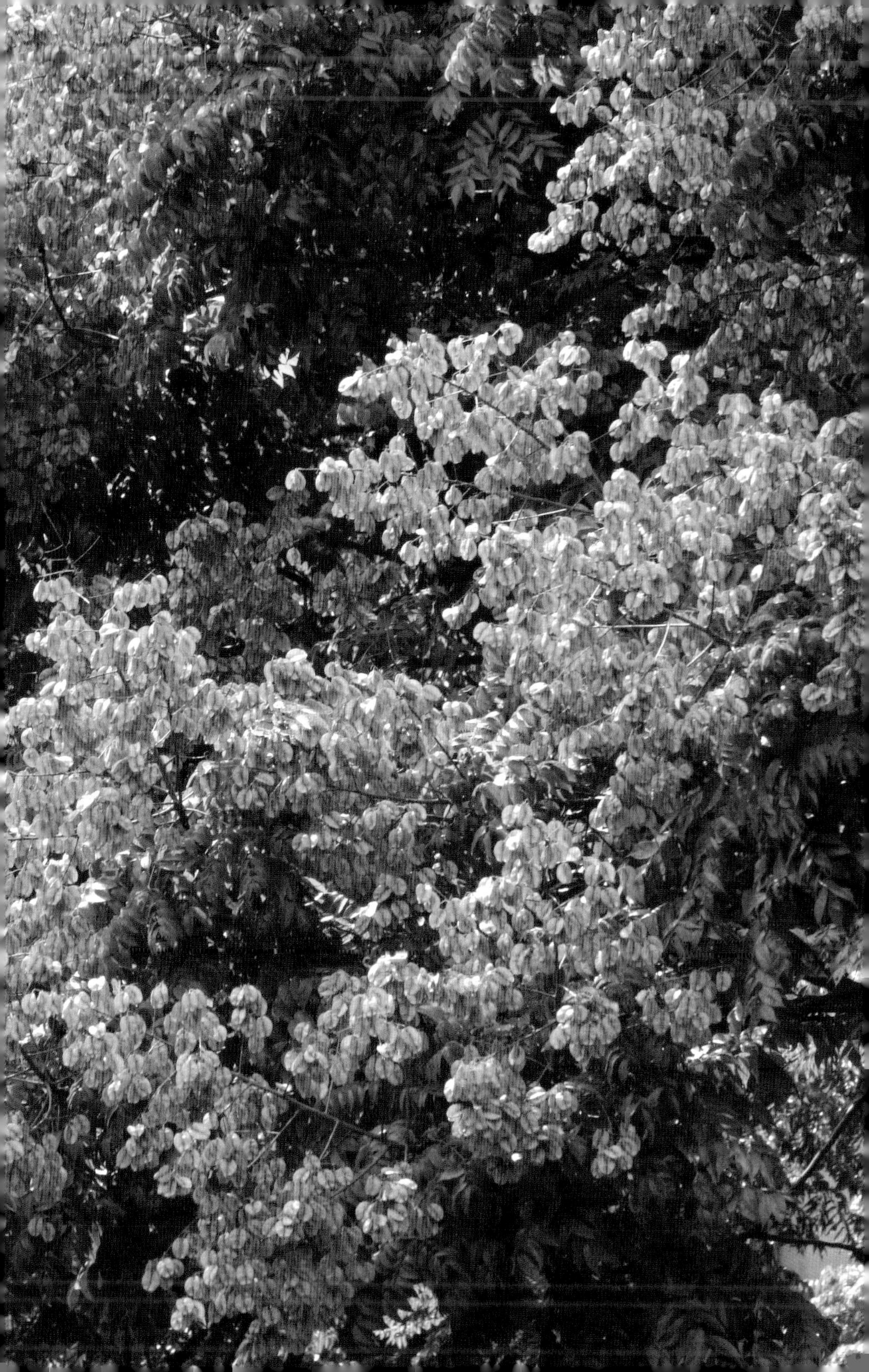

Lesson 75

100 Lessons of Taiwan's Urban Nature

9月自然課堂。

台灣欒樹的盛宴

台灣欒樹的花朵為金黃色頂生圓錐花序，每一小花的基部為紅色。雌雄異花。

台灣欒樹的蒴果初為紫紅色，由三瓣膜質囊狀苞片包覆著，完全成熟後會從紅褐色慢慢變成淺褐色，內有黑色圓形種子。

台灣欒樹一年四季有不同的風情，是本土樹種當中極富觀賞性的種類，加上生性強健，又極耐污染，成為都市行道樹的優良樹種。台灣欒樹最美的季節就在初秋時節，每年到了9月，樹頂伸出一支支金黃色的花梗，陽光灑落時，那種金黃色系美得不像真的。此時最愛走在敦化南路的安全島上，這片花海從信義路口一直延伸到基隆路口，成了台北最美麗的路段之一。

不過台灣欒樹的金黃花海稍縱即逝，短短的十來天光景，馬上轉變成紅褐色的果實，許多人沒看到金黃色的花朵，反而將果實誤以為是花。不過果實待在樹上的時間很長，可以好好欣賞。

台灣欒樹的果實外面覆有嫩紅的苞片，蒴果膨脹成氣囊狀，一大串高掛樹梢，像極了樹上的鈴鐺，尤其是微風吹過樹梢，還會讓人有種聽到鈴鈴聲的錯覺。果實壽命極長，會延續整個冬天，直到冬天快結束時才變成乾枯的褐色，然後紛紛掉落。

士林忠誠路的台灣欒樹景觀優美，當地過去幾年還為此舉辦一年一度的欒樹節，配合許多藝文活動，許多商家也推出相關促銷活動，讓9月的欒樹節極富特色，也成為台灣樹木難能可貴的饗宴之一。

台灣欒樹紅褐色的果實，可別誤認它是花喔。

果實外面覆有嫩紅的苞片，蒴果膨脹成氣囊狀。

台灣欒樹最美的季節就在初秋，此時，樹頂伸出一支支金黃色的花梗，將整條馬路妝點得光彩奪目。

Lesson 76

100 Lessons of Taiwan's Urban Nature

兇悍的大卷尾連猛禽也不怕，在繁殖期間領域性很強，會攻擊驅趕經過的老鷹，直到老鷹離開牠的領域方才罷休。

9月自然課堂。

大卷尾的天空

大卷尾長而深分叉的尾羽成了最重要的辨識特徵。

仗著自身防衛力很強，大卷尾把巢築在馬路正上方。

大卷尾的體型比鴿子略小一些，但是牠們的氣勢可不小，連猛禽也不敢輕視牠們，常常敬而遠之。

大卷尾是平地空曠處的常見鳥類，特別喜愛有農田的環境，常常看到一隻大卷尾停棲在電線上，長而深分叉的尾羽成了最清楚的辨識特徵。大卷尾的飛行技術十分優異，是典型的肉食性鳥類，停棲在視線良好的制高點，一旦發現獵物的蹤跡，即展開讓人嘆為觀止的空中獵殺絕技，很少昆蟲可以倖免於難。

每年的春夏季是大卷尾的主要繁殖期，在這段時間內，大卷尾的領域性極強，一旦有人、車子、猛禽或其它鳥類進入其領域，大卷尾一定馬上正面迎敵，連兇猛的老鷹都不怕，在空中與之纏鬥不休，最後老鷹也只能退避三舍，戰鬥方才劃下休止符。這樣的追逐畫面在台灣農村是相當常見的，因此農民多半稱大卷尾為「烏鶖」（台語）。

春夏季是牠的繁殖期，這段時間內，牠的領域性極強。

準備離巢的雛鳥，由親鳥守護著。

大卷尾雛鳥目送親鳥出外覓食。

Lesson 77

100 Lessons of Taiwan's Urban Nature

9月自然課堂。

天牛

雄天牛展翅飛行，可清楚看到比身體長兩倍的觸角，以及藏在鞘翅下的翅膀。

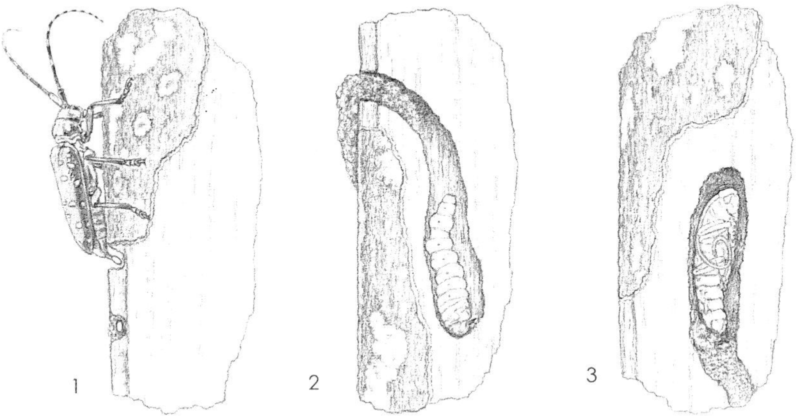

1 2 3

1. 有些種類的天牛直接將卵產於樹木的裂縫中，
   有的則將產卵管伸入其它昆蟲用過的小洞中產下卵粒。
2. 天牛的幼蟲在樹幹內部生活，以啃食木屑為食，還會將不要的碎屑及糞便推出洞外。
3. 幼蟲進入化蛹階段，直到羽化為成蟲才會在外現身。

天牛是甲蟲家族的重要成員，其外型多變，但有一共同的特徵是非常容易辨識的，即頭部超長的觸角，呈細長鞭狀，通常比身體長出許多，甚至可達兩、三倍長，很像是歌仔戲裡武官或將軍頭冠上的長鞭，更顯氣宇非凡。

天牛是完全植食性的甲蟲，想要找到牠們，往花朵、樹幹等植物部位去找準沒錯。雌天牛在樹幹的裂縫或小洞中產卵後，幼蟲會一直待在樹幹內，以啃食樹木纖維為食，然後進入化蛹階段，直到羽化為成蟲之後才會鑽出樹幹，吸食花蜜或啃食植物的莖幹。

台灣松樹的重要病蟲害「松材線蟲」，以松斑天牛為宿主，當松斑天牛在松樹上覓食產卵，會讓松樹感染松材線蟲而大量病死，現已成為台灣人造林的重大危害。只是追根究底其源由，人類大面積栽培單一樹種，讓疾病很容易蔓延開來，若是天然的闊葉林，自然的防衛機制根本不致釀成不可收拾的後果。

【建議延伸閱讀：《甲蟲放大鏡》及《台灣甲蟲生態大圖鑑》】

身體黑色帶有白斑的星天牛，是都市最常見的一種。

天牛頭部的長鞭狀觸角，很像是歌仔戲裡武官或將軍頭冠上的長鞭，這是辨認牠的最大特徵。

Lesson 78

100 Lessons of Taiwan's Urban Nature

9月自然課堂。

流浪狗的歲月

台灣的流浪狗一直是嚴重的問題，但始終未能有較好的解決方案，雖然許多人或團體都投入拯救流浪狗的義舉，但卻只是杯水車薪，很難有全面性的改善效果。

以我住的社區而言，雖然位於新店山區，一樣有流浪狗的問題，而住戶也常為了狗的問題而爭吵不休，儼然分成愛狗與不愛狗兩大派。家裡養狗的人多半對流浪狗抱持著寬容的心態，反正山上活動空間很大，讓牠們在這裡生存也無妨。但有的住戶則非常厭惡狗，想要除之而後快，甚至還在自家的庭院裡擺放捕獸夾，導致許多流浪貓狗受害。

其實流浪狗的問題大多是人們自己造成的惡果，棄養、未結紮、大量繁殖等無一不是人類的自私作為，但後果卻要一無所知的狗狗來承受。每每看到流浪狗害怕人類的眼神，總覺得痛心疾首，原是我們人類最好的朋友，卻落得如此不堪的下場。

現在我養的四隻狗當中，其中米格魯犬和哈士奇犬都是被棄於山上，後來才收養成為家裡的一員，另一隻米克斯犬則是在流浪狗之家收養的。以台灣的現況而言，實在沒必要再炒作繁殖名犬，反而應該建立良好的收養管道，多多鼓勵大家以收養代替購買。

被遺棄在路旁的小花狗，餓得直找人要東西吃。

很多被遺棄的流浪狗身上都有皮膚病及其他併發症。

只要有愛心，流浪狗也可以成為忠心的寵物伴侶。

還在花錢買狗嗎，以收養代替購買吧。

Lesson

79

100 Lessons of
Taiwan's Urban Nature

9月自然課堂。

腹斑蛙

腹斑蛙因為擁有雙鳴囊，因此叫聲響亮。

腹斑蛙是蛙類的大聲公，鳴聲嘹亮，是夏夜裡的主角之一。腹斑蛙的體型中等，有一條明顯的背中線，腹部圓滾滾的，身體兩側有淡黑色斑點。

腹斑蛙算是台灣十分常見的蛙類，分佈廣泛，不論是山區或平地沼澤區，都可以聽到腹斑蛙「給、給、給」的宏亮叫聲，特別是在腹斑蛙的春夏繁殖旺季，熱鬧的鳴聲似乎整晚都不曾停歇。雄蛙順利找到雌蛙交配之後，雌蛙就產卵於水中，一次有數百顆之多，常常一大片漂浮在水面。

在我住的社區裡，腹斑蛙的數量算是數一數二的，晚上散步時，不論是花園裡的水池、步道旁的溝渠或是小溪流，總聽得到腹斑蛙的聲音，牠們的聲音是我少數分辨得出來的蛙聲之一，所以對腹斑蛙覺得特別親近。夏天的夜裡，蛙類大合唱是不可少的天籟，同時蛙類也是生態環境的重要指標之一，少了牠們往往意味著環境出了大問題，也因此每每聽到熱鬧的蛙鳴，心裡充滿了感激，因為這代表著我們的生活環境還算理想。

【建議延伸閱讀：『台灣賞蛙記』P90~91】

左為貢德氏赤蛙，右為腹斑蛙，常混棲一起鳴叫。

左為拉都希氏赤蛙，右為腹斑蛙，體型大小差異頗大。

叫聲響亮的腹斑蛙，卻十分害羞警覺，一靠近牠馬上躲到水面下。

Lesson 80

100 Lessons of Taiwan's Urban Nature

9月自然課堂。

熏烤地瓜

地瓜是台灣的庶民食物，我們食用的部位即地瓜膨大的地下塊根，由圖中可清楚看到地瓜的特徵。

地瓜一直是台灣的代表性農作物之一，早年貧窮的年代，地瓜籤加入少許白米是父母親童年時代的主食，如今物換星移，台灣早已脫離匱乏的年代，地瓜也搖身一變成為現代人的健康食品。

從小地瓜一直是家裡餐桌上不可少的食物，媽媽似乎也對地瓜情有獨鍾，地瓜稀飯是家裡常備的早餐，配上醬瓜、菜脯蛋，讓我們全家吃得既飽足又滿意。不過最愛的還是烤地瓜，特別是寒冷的冬夜，手捧著一條熱呼呼的烤地瓜，真覺得天下美味也不過如此。

台北縣金山地區一直是北部盛產地瓜的農業區，近年來為了促銷當地的名產，會在9月至10月間推出「地瓜節」的盛會，讓都市人可以親自在田裡挖地瓜，然後就在主辦單位做的簡易窯中將地瓜烤熟。窯烤地瓜原本是每個孩子都曾體驗過的童年回憶，如今卻要特別舉辦，看來我們的生活方式確實有了很大的改變。

【建議延伸閱讀：『台灣好蔬菜』及『台灣蔬果生活曆』】

步驟1.選擇可以堆疊的土塊堆成一圈圍住地瓜。

步驟2.在土窯放入大量稻草，並點燃。

步驟3.等待土窯外的土塊被燒紅，即可用腳把土窯推平，利用餘溫將地瓜悶熟。

台灣自行培育的台農五十七號地瓜是最香甜可口的一個品種，很適合作成烤地瓜。

自然老師
沒教的事
Chapter 010

10月 OCTOMBER
自然課堂。

100 Lessons of Taiwan's
Urban Nature

Lesson 81

10月自然課堂。

秋夜的鳴蟲

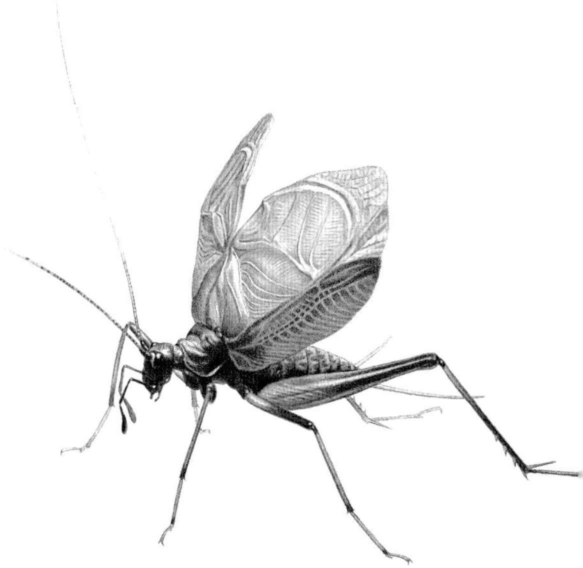

日本鐘蟋〔鈴蟲〕正在振翅高歌，前翅豎起，和身體幾乎呈90度，發出悅耳的「鈴、鈴」聲。

時序進入9月，白天的溫度雖高，但太陽一下山，氣溫馬上下降，加上徐徐涼風，開始有點秋意的感覺。晚上的聲音除了喧鬧的蛙鳴之外，又多了一些鳴蟲的聲音，不過此時登場的鳴蟲和氣溫高的夏季是不同的，好像為了迎合季節的轉換，鳴蟲的聲音也變得清涼有秋意。

「秋意淒淒雖可厭，鈴蟲音聲卻難棄」，以往還未接觸鈴蟲（日本鐘蟋）之前，對於許多作品描繪的秋夜聲音並沒有太深的體會，但2004年出版『鳴蟲音樂國』之後，作者許育銜送給我一瓶飼養的鈴蟲，將它擺在床頭，每天夜裡鈴蟲悠悠鳴唱，「鈴⋯鈴」的優雅鳴聲帶給我一整季的快樂，就連貓咪莎莎也迷上鈴蟲的聲音，半夜醒來常看到她坐在瓶子旁，側耳傾聽，專注的模樣讓人難忘。

熟悉了鈴蟲的聲音，走到戶外才發現牠們是秋夜鳴蟲的主角，草叢或矮樹叢裡不時傳來「鈴⋯鈴」的鳴聲，在安靜的夜裡格外好聽。日本人對鈴蟲特別偏愛，甚至認為每年秋天如果沒有到戶外聆聽鈴蟲的聲音，就代表著「虛度一年」。想要把握短暫的美好時光，別忘了好好欣賞秋夜的鳴蟲小夜曲。

【建議延伸閱讀：『鳴蟲音樂國』P62~63及『瓶罐蟋蟀』】

Lesson 82

100 Lessons of Taiwan's Urban Nature

10月自然課堂。

紅嘴黑鵯

紅嘴黑鵯的嘴部為鮮紅色，搭配蓬鬆的頭頂羽毛，遠遠地即能辨識。

紅嘴黑鵯有時會發出像貓咪的「喵、喵」聲。

紅嘴黑鵯是我最早認識的鳥類之一，因為牠們的特徵明確到只要看過一次，大概就很難錯認了。鮮紅色的嘴部及腳，搭配上全身漆黑的羽毛，還有頭頂蓬鬆上豎的羽毛，好像鳥類當中的龐克頭，即使沒有望遠鏡也能清楚辨認。

紅嘴黑鵯是十分常見的鳥類，又喜歡待在枝葉稀疏的裸露樹頂，所以要看到牠們一點都不難。停棲樹上常會發出類似「小氣鬼、小氣鬼」的聲音，有時還會發出像貓咪的「喵、喵」聲，讓人誤以為有貓咪跑到樹上了。

紅嘴黑鵯喜歡採食野果、葉芽、花苞或捕食昆蟲。

紅嘴黑鵯多半待在樹上，幾乎不會到地面活動，喜歡採食野果、葉芽、花苞或捕食昆蟲，秋冬季節不會待在平地，多半往低海拔或中海拔山區遷徙，這應該與其食物來源有關。

曾在社區步道旁的樹上發現紅嘴黑鵯的巢，但這顯然是新手親鳥所為，築巢於人來人往的步道上方，對於育雛並不是件好事，又容易被人發現，果然沒多久就棄巢了，看來要順利繁衍下一代也是要付出昂貴的學費。

【建議延伸閱讀：『野鳥放大鏡』衣食篇和住行篇】

Lesson

83

100 Lessons of
Taiwan's Urban Nature

10月自然課堂。

賞鷹季

每年9月底到10月上旬是墾丁一年一度的賞鷹盛會，賞鳥者無不摩拳擦掌，希望自己的手氣很好，可以遇上灰面鵟鷹的遷徙高峰，一睹這堪稱是世界級自然景觀。

灰面鵟鷹在秋季由北方南下，經過台灣稍做歇息，再由墾丁南端出海而去。隔年春天北返，每年3月下旬在彰化八卦山過境，成為著名的「鷹揚八卦」自然景觀。

由於灰面鵟鷹年復一年的遷徙路徑十分穩定，加上體型又大，因此成為賞鷹季的第一主角。想要參與賞鷹的年度盛會，最好在下午2、3點抵達墾丁，稍做休息後就可驅車前往滿州鄉，下午4點到6點是欣賞落鷹的最佳時段，天色開始變暗的黃昏，一隻隻灰面鵟鷹盤旋低飛，隨即停棲於過夜的樹上，牠們夜宿的地點相當集中，成為滿州鄉每年不可多得的盛事。

想要欣賞灰面鵟鷹出海的盛況，務必請早，最好在天色微亮的清晨5點多抵達社頂公園的凌霄亭，這裡居高臨下，又可清楚看到恆春半島的最南端。早晨6點到8點是賞鷹的最佳時段，一波波灰面鵟鷹御風而行，旋即由南端出海。運氣好的話，遇到灰面鵟鷹的高峰期，就有機會看到難得一見的「鷹河」、「鷹柱」等壯觀景致，只不過這是可遇不可求的事，也因此有許多熱愛賞鷹的人幾乎年年報到，因為永遠無法預知今年可以看到什麼，反而讓人樂此不疲。

灰面鵟鷹在秋季由北方南下，經過台灣稍做歇息。

另一個主角赤腹鷹過境數量不比灰面鵟鷹來的少。

灰面鵟鷹會在滿州附近過夜歇息，準備第二天南遷。

天色微亮時抵達社頂公園的凌霄亭可以觀看鷹群起飛。

每年的十月賞鷹成了滿州鄉一年一度的盛事。

Lesson 84

10月自然課堂。

避債蛾

懸掛在寄主植物枝條上的避債蛾，幼蟲會吐絲做成一個小蟲袋，外表黏貼許多植物材料加以偽裝，移動或進食時才會探出頭來，但一有風吹草動，馬上縮回袋內。

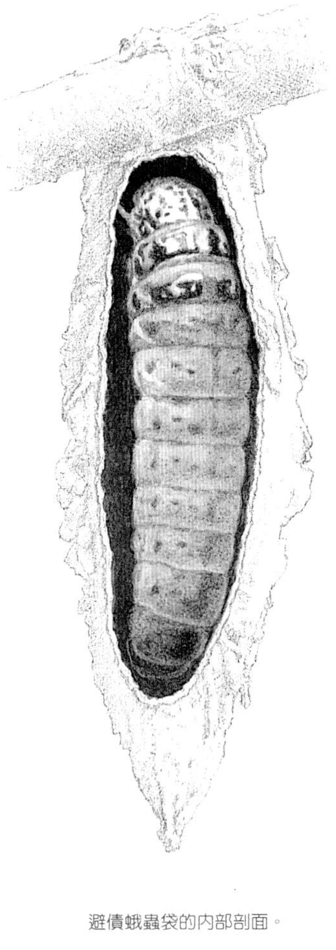

避債蛾蟲袋的內部剖面。

避債蛾的名字和外表都非常有趣，大概看過一次就不會忘了。只是想要一睹避債蛾的廬山真面目，真的一點都不容易，牠們多半穩當地躲在細心營造的蟲袋裡，絕不以真面目示人。

避債蛾相當常見，每一種樹木都可以找找看，不難發現懸掛在枝條上的避債蛾蟲袋。有時在陽台的盆栽植物上也會看到避債蛾，或許是為了進食，有植物的地方就有機會看到牠們。

避債蛾的蟲袋外表大異其趣，端視幼蟲找到的植物素材而定。避債蛾幼蟲吐絲結成蟲袋，在蟲袋的外表細心黏貼葉片、乾燥的樹皮或細小的枝條，將自己偽裝成植物的一部份。幼蟲只有在進食或移動時，才會探出頭來，但又機警萬分，一有風吹草動，馬上縮回蟲袋裡。

幼蟲成熟後會將袋口上端封住，直接在袋內化蛹。雄蟲羽化後會從下方飛出，尋找雌避債蛾的蟲袋。雌蟲無翅，羽化之後還是住在袋裡，直到雄蟲飛來與之交尾後，就在袋內產卵。卵孵化之後，幼蟲會離開蟲袋，自行吐絲結袋，展開新生活。

避債蛾是值得細細觀察的有趣昆蟲。

避債蛾的蟲袋外表大不同，端視幼蟲找到的素材而定。

避債蛾幼蟲在蟲袋外加工將自己偽裝成植物的一部份。

避債蛾幼蟲即將離開蟲袋，展開新生活。

Lesson 85

10月自然課堂。

巨無霸牛蛙

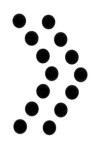

牛蛙的食量驚人，凡是體型比牠小的動物，牠都有辦法吞食。這種可怕的大胃王一旦逸出野外，對原生蛙類的殺傷力可想而知。

來自美洲大陸的牛蛙，體型壯碩，最大可長到20公分長，和台灣原生的蛙類比起來，真是大巫見小巫。而且最可怕的是，牛蛙屬於雜食性，什麼都吃，只要是體型比牠小的動物，都會變成牛蛙的餐點，因此部份遭到牛蛙侵入的濕地或水池，當地的蛙類往往被牠們一掃而光，造成很大的危害。

牛蛙引進台灣原是為了食用價值，因其體型巨大，飼養容易，而成為菜市場常見的肉類之一。但其繁殖力驚人，在台灣又完全沒有天敵的威脅，一旦逸出野外，就和福壽螺一樣，成為難解的生態難題。

外來生物的問題在目前全球貿易往來密切的時代，在世界各地屢見不鮮，也對許多生態環境造成嚴重的衝擊。人類一向自栩為「萬物之靈」，只是每次造成問題之後，往往也是束手無策，而承擔後果的卻是整個生態環境。

【建議延伸閱讀：『台灣賞蛙記』P118~119】

引進牛蛙是為了食用價值，是菜市場常見的肉類之一。

牛蛙幼體體型碩大，一旦逃逸野外，後果不堪設想。

遭到牛蛙侵入的野外濕地或水池，當地的蛙類往往被牠們一掃而光，造成很大的危害。

Lesson 86

100 Lessons of Taiwan's Urban Nature

10月自然課堂。

五節芒

秋天是賞芒的季節，原本剛硬銳利的五節芒，抽出一根根花梗之後，滿山遍野白茫茫的芒花，讓它們的容貌柔化了，跟盛夏時惹人生厭的「菅芒」〔台語〕好像是截然不同的植物。

五節芒是台灣最常見的草本植物，幾乎走到那裡都可以看到它們，尤其五節芒的種子數量之多與發芽率之高，讓它們隨時都可落地生根。樹林被清除之後，裸露的土地很快就會被五節芒佔據，五節芒屬於陽性先驅植物，一旦有它們落腳，其它植物很難越雷池一步。

五節芒的葉片邊緣帶有矽質，很容易割傷皮膚，最好少碰為妙。每年從9月、10月開始，五節芒的花穗展現魅力，初時呈紫紅色，成熟後便轉變成黃褐色或灰白色，是台灣秋季野外的重頭戲之一。

芒花看起來有股蕭瑟的美感，或許很多人認為它們是絕佳的乾燥花材，插一甕芒花可以妝點家裡的氣氛，事實上五節芒的花穗結果之後就開始飄落穎果，其數量之多讓人永遠清理不完。如果擺放的位置不必擔心清理問題，自然另當別論了。

【建議延伸閱讀：『台灣野花365天』秋冬篇P113】

五節芒是台灣最常見的草本植物。

芒花在夕陽下看起來有股蕭瑟的美感。

五節芒的色彩和形態都各有一些差異。

五節芒生長能力強，山邊海邊都有它的蹤跡。

林下冒出的長裙竹蓀，外型奇特，有點像是穿著長裙的小精靈，卻有一股腐屍的惡臭，頗煞風景。頂上黑色的子層托，覆滿黏液狀的孢子，其惡臭就是為了吸引昆蟲前來，以幫助孢子的傳播。其實我們最愛食用的食材「竹笙」〔竹蓀〕就是這一類的菇類，只是其子層托很早就去除，所以不致有惡臭產生。

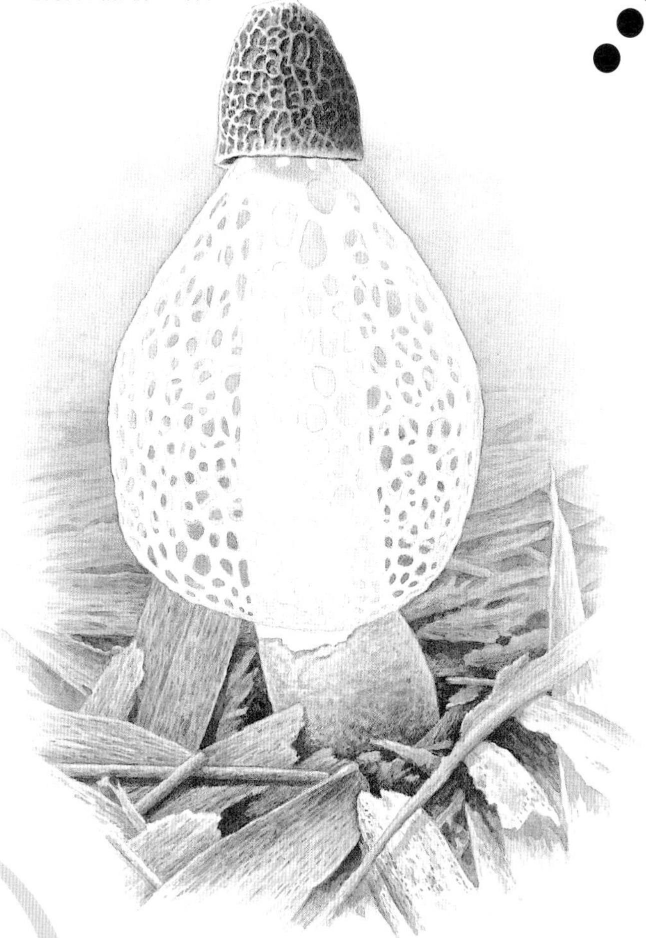

Lesson

87

10月自然課堂。

可食用的菇類

人類對於菇類似乎情有獨鍾，不同的飲食文化都有其特殊的愛好，也發展出許多歷史優久的食菇文化。像是法國人對松露的著迷，歐洲人對牛肝菌、羊肚菌的熱愛，日本人更把松茸視為秋季美食之王。

我們對於菇類的熱愛自然也是不遑多讓，舉凡香菇、木耳、竹笙、草菇、洋菇、金針菇等，只要到超市的菇類陳列架看一下，就可以知道我們吃的菇類真是多得驚人。只不過現在菇類的生產已是先進的農業技術，在無菌的太空包內大量生產乾淨衛生的食用菇。

不過許多菇類還是無法人工生產，特別是與樹木共生的野菇，有些生存奧妙至今不詳，例如日本人研究松茸不下數十年，卻始終無法人工栽培，松茸和活松樹以及其生育的環境，還有許多難解之謎。

在野外看到神似食用菇的菇類會特別有種親切感，例如在陰濕腐朽的樹幹上常看到許多小小的木耳，還有公園草地上在雨後也常冒出一朵朵大大的蘑菇。不過野菇的辨識不易，千萬不要隨便採食，以免發生中毒的憾事。

色彩鮮豔的蕈類，和長裙竹蓀是同一類的野菇。

黃長裙竹蓀，有點像是穿著黃裙子的女孩。

草菇也是常常拿來做菜的食材。

我們常食用的木耳生長在陰濕腐朽的樹幹上。

Lesson 88

10月自然課堂。

落葉樹的觀察

青楓的紅葉。青楓多半生長在低中海拔山區，隨著氣溫的下降，葉色變得更加紅豔，是觀賞性極高的紅葉樹種。

楓香的紅葉，長在平地的楓香，秋季落葉前多半只是焦黃，很少變得通紅，若是像中高海拔的奧萬大山區，楓香的葉片往往可以徹底變紅或變黃，形成引人的秋季景觀。

欖仁的紅葉。生長在平地的欖仁樹，一到秋天，樹葉也紛紛轉紅，由於每一片葉子都很大，落葉的景觀也相當特殊。不過欖仁的落葉據說有療效，許多人趨之若鶩，只要葉子一落地，馬上就被人撿走，因此想要看到欖仁的落葉還不太容易。

隨著日照的縮短和氣溫的下降，許多樹木也開始起了重大的變化，準備迎接寒冬的到來。此時正是欣賞落葉樹木的最佳季節，色彩繽紛的樹葉將秋天妝點得豐富極了，一點都不輸給春天的美景。

對人類而言，秋天的落葉是視覺的饗宴，但對樹木而言卻是不得不然的生存策略。冬天的低溫會讓樹木的根部作用變弱，而寒冷乾燥的風又會讓葉片的蒸散作用變強，因此以無葉的方式度過寒冬算是樹木節能減碳的具體實例。

落葉之前樹木會有許多生理變化，包括回收葉片的養份，不浪費任何有用的物質，以及產生離層，阻斷葉片的水份及養份。原本鮮綠色的葉片在一連串的變化下，葉綠素崩解了，取而代之的是黃色系的胡蘿蔔素、葉黃素，以及紅色系的花青素。於是葉片生命的結束以最美麗的色彩劃上句點，也年復一年讓我們得以享有最璀璨的秋景。

一樹火紅的槭樹，是秋日的景致。

楓香樹到了秋天，葉子會從嫩綠色轉為耀眼的金黃。

落了一地的彩色落葉，讓秋日的郊山熱鬧了起來。

秋天的欖仁樹像一個七彩的調色盤。

Lesson 89

100 Lessons of Taiwan's Urban Nature

10月自然課堂。

山蘇

山蘇是蕨類植物當中成功轉型為室內觀賞植物的最佳例證，加上近年來又成為很受歡迎的野菜，名氣之大幾乎無人不知。其實它們原生於台灣的闊葉林內，許多大樹的樹幹上著生一圈長長的葉片，看起來很像是綠色的鳥巢，也像是樹上開花，植物學上的正式名稱為「巢蕨」。

野外的山蘇多半長在高大的樹上，就生態上而言，著生於高聳的樹冠層，生存本領是不可少的，從山蘇的外觀就可以觀察到它們的高超策略。山蘇的葉片叢生，葉表光滑具蠟質，葉片生長層層疊疊，排列成一圈，並交織成多層次且密不透風的鳥巢狀構造。鳥巢結構有助於收集並儲存來自上方的雨水、落葉、有機質及其它礦物質等，讓山蘇生活於高處也不虞匱乏，同時還能供給其它植物的生長所需，如書帶蕨或蘭花等，都常與山蘇共生一處。

身邊的常見植物很多都來自森林，不妨看看其生長原貌，也許能有另一層深刻的體會。畢竟山蘇的嫩芽不只是滿足我們的口腹之慾而已，它們的生長和外型都有其生態意義的。

野外的山蘇多半長在高大的樹上。

山蘇葉背的孢子十分明顯。

山蘇的鳥巢結構有助於收集並儲存來自上方養分。

Lesson 90

10月自然課堂。

赤腹松鼠

赤腹松鼠有築巢的習性，通常選擇高大的樹木或竹子上層，離地約10到20公尺高的枝幹分岔處，以樹枝築成橢圓形的巢，內部襯以柔軟的芒花或樹皮等。赤腹松鼠會回巢休息，不過同一隻松鼠往往不只一個巢。

赤腹松鼠是都市裡最常看到的松鼠，對於人工開發的環境適應力頗強，不論是校園、公園綠地或是安全島上的樹林裡，都看得到赤腹松鼠的蹤影。

赤腹松鼠對於自己的生活領域內，有哪一棵樹什麼時候有嫩芽或果實，都知之甚詳，牠們便依著時節在不同的樹上覓食。赤腹松鼠喜歡在樹上奔走，也會倒掛在樹幹上，攀爬的技巧顯然一流，其實這是因為牠們有長長的趾爪可以牢牢攀附，幾乎不可能滑落。

赤腹松鼠的「木頭人」行為最為爆笑，每當牠們察覺異樣，會先豎立前身朝有異樣的方向凝視，然後全身靜止不動，尾部蓬鬆翹起。若發現不對，赤腹松鼠會引頸向前，拍打尾部，或是將尾巴高翹於背部，十足警戒的模樣。整個過程跟我們玩木頭人遊戲十分雷同，讓人覺得特別有趣。

社區的樹林裡也少不了赤腹松鼠，常碰到牠們在樹木間穿梭嬉戲。有一次聽到樹林傳來一聲聲嘶啞的狗吠聲，才正在狐疑哪一隻狗跑到林子裡，就看到高踞樹上的赤腹松鼠，原來那是牠們的警戒聲。以前從來不曾聽過赤腹松鼠的聲音，一直以為牠們是不會叫的，原來赤腹松鼠也有不同的聲音，代表著聯絡或警告等訊息。只是平心而論，牠們的聲音實在不太好聽，也有點像是咳痰卻咳不出來的喉音，在野外聽起來特別奇怪。

【建議延伸閱讀：《台灣哺乳動物》P176~181】

毛茸茸大尾巴是牠的平衡桿，讓牠可以安穩爬樹。

赤腹松鼠對於環境適應力頗強，也不太害怕人類，校園、公園綠地或是安全島上的樹林裡，都看得到牠的蹤影。

自然老師
沒教的事
Chapter 011

11月 NOVEMBER
自然課堂。

100 Lessons of Taiwan's
Urban Nature

Lesson 91

11月自然課堂。

撿松果

松樹為了保護裸露的種子煞費苦心，木質化的毬果果鱗將種子覆蓋得既周嚴又緊密。

等到種子成熟時，毬果的果鱗才會一一打開，讓裡面有翅的種子隨風飄散。

松樹的果實外觀和一般樹木的果實差距很大，其實這正是裸子植物與被子植物的相異處。松樹為了保護種子煞費苦心，木質化的毬果果鱗將種子覆蓋得既周延又緊密，等到種子成熟時，毬果的果鱗才會一一打開，讓裡面有翅的種子隨風飄散。

松果的種子散盡之後，老熟的毬果也會一一脫落，秋冬季到山區走一遭，留心松樹底下，總可以滿載而歸。松果的外型討喜，天生就是乾燥素材，也不需特別處理，找個漂亮的容器裝載起來，很有冬天豐收的美感。

家裡有好幾籃不同的松果，有的是朋友送的，有的是自己撿的，不管擺放在哪一個角落，都有自然的美感。松果放置多年常沾滿灰塵，清洗時直接放在水龍頭下沖水，沒多久就可以看到松果起了變化。原來展開的果鱗有了水份之後，竟又再度閉合起來，彷彿回到舊時的記憶，即使它們早已脫離母樹，卻依然忠實執行自己的任務。直到毬果完全乾燥之後，它們又會恢復原有的展開模樣。

Lesson 92

100 Lessons of Taiwan's Urban Nature

11月自然課堂。

紅尾伯勞與棕背伯勞

紅尾伯勞是冬候鳥。

棕背伯勞是留鳥，喜歡出現於平地農耕地或是山坡開墾區。

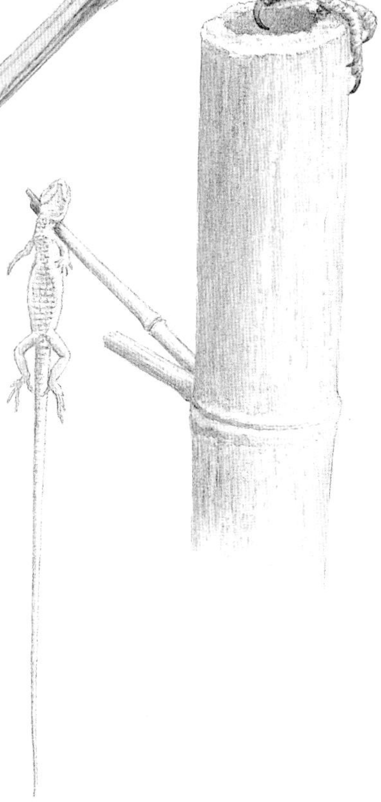

紅尾伯勞個頭不大，但牠們卻是鳥類世界裡的小殺手，牠們捕捉到的蜥蜴或青蛙，會先插在尖銳的樹枝或是鐵絲網上，然後慢慢享用。

第一次認識紅尾伯勞是看到報紙登的照片，每年9月之後紅尾伯勞大量過境恆春半島，二十多年前台灣鳥類的保育觀念才剛起步，當時認為捕殺野鳥沒什麼大不了。紅尾伯勞喜歡站在獨立枝條的習性，讓恆春半島到處佈滿「鳥踏仔」，獵捕到的紅尾伯勞最後淪為夜市裡的烤小鳥。當時報紙登的斗大照片便是紅尾伯勞誤中鳥踏仔陷阱，幸而後來公權力介入保護，再也不會有類此悲劇發生。

紅尾伯勞個頭不大，但牠們卻是鳥類世界裡的小殺手，通常以昆蟲、老鼠、蜥蜴、蛙類或其它小鳥為食，看看牠們的鳥喙就不難看出肉食的本性，嘴尖向下勾，一臉犀利的模樣，同時還有銳利的腳爪。以前的生物教科書會以伯勞鳥的儲食習性做為範例，牠們捕捉到的蜥蜴或青蛙，會先插在尖銳的樹枝或是鐵絲網上，然後慢慢享用。以前認為這是紅尾伯勞儲藏食物的習慣，但最近的研究發現這種行為應該只是方便牠們撕開食物，牠們通常只取用部份肌肉和內臟，其它剩餘部份多半棄之不顧，並不會再回過頭來食用。

棕背伯勞習性與紅尾伯勞相去不遠，但牠們是台灣的留鳥，喜歡開闊的平原或農耕地區，領域性強，會驅逐闖入的鳥類。

遭伯勞鳥利嘴啄食，卻來不及叼走的攀木蜥蜴。

棕背伯勞的領域性極強，常在樹叢裡驅趕入侵者。

棕背伯勞會站在制高點巡視四周的動靜。

紅尾伯勞會飛撲到地面捕食獵物。

Lesson 93

100 Lessons of Taiwan's Urban Nature

11月自然課堂。

澤蛙

澤蛙的台語俗名為「田蛤仔」，由此可知澤蛙在台灣的普遍性，只要是田裡鳴叫的青蛙，多半就是澤蛙。澤蛙的外表特徵不易清楚描述，尤其體色的變化極大，從褐色、灰褐色到綠色的個體都有，不過眼睛後方的鼓膜非常明顯，常帶有深紅色或橘色。

澤蛙的分佈廣泛，全台灣各地的稻田、水溝或沼澤都可以看到牠們，對環境的適應力極強。白天時多半躲在洞穴裡，晚上才會出現，澤蛙喜歡淺水的泥沼環境，活動時常浸泡在水裡。

蛙類一直被生態學家視為水域環境的指標生物之一，主要是兩棲類的皮膚對環境污染有一定的關聯性，不過有的蛙類對污染的敏感度高，只有在乾淨的水域才看得到。澤蛙算是對污染容忍度相當高的蛙類，一旦連澤蛙都不見蹤影時，往往意味著這個水域環境出了大問題。

【建議延伸閱讀：『台灣賞蛙記』P86~87】

不是所有澤蛙都有金色背中線，圖為褐色型澤蛙。

綠色型澤蛙，身上短棒突起也是辨識牠的特徵。

金色的背中線是澤蛙的特徵之一，背中線主要是讓蛙的身體藉由線條做「體色分割」迷惑天敵。

Lesson 94

100 Lessons of Taiwan's Urban Nature

11月自然課堂。

山芙蓉

3

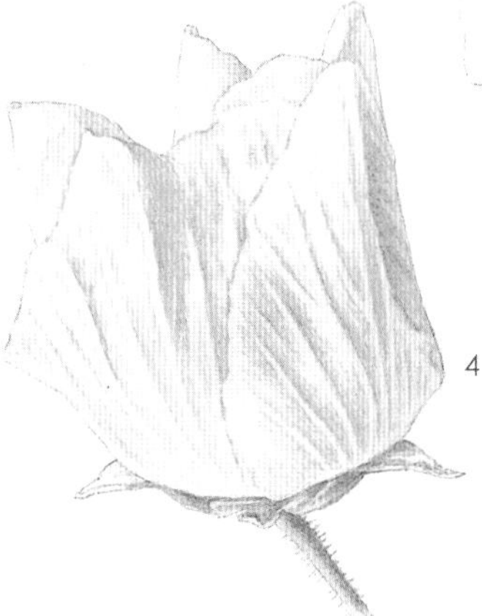

4

1.山芙蓉初綻放的花苞帶點桃紅色。

2.山芙蓉的花苞逐漸展開，顏色似乎變成粉紅色。

3.山芙蓉的花朵在中午盛放時為白色。

4.山芙蓉的花朵到了下午三、四點轉成偏淡紫的粉紅色，即將凋零。

1

2

每年11月一到，長在山路旁的山芙蓉準時無比地展開花顏，幾乎年年如此，從不爽約，因此只要看到山芙蓉的花，大概就知道年底又快到了。

山芙蓉的花朵碩大，觀賞價值一點都不輸給園藝植物，而且最特別的是花色的變化，讓人目不暇給。

山芙蓉的花只有一天的壽命，清晨時分初綻放，剛開始花色為白色或是微帶粉紅色，隨著時間的流轉，花色日益加深，過了中午一直到傍晚凋零之前，花色已轉變成了紫紅色或桃紅色。這樣的奇特習性讓山芙蓉又被稱做為「千面美人」或「三變花」。

山芙蓉的花不僅好看，同時也是可口的野菜，清晨摘下的花朵沾點麵糊，下鍋油炸一下即成美味的天婦羅。山芙蓉的花蜜量應該不少，花朵裡常可看到金龜子或其它昆蟲大快朵頤，有時連花瓣也被啃得支離破碎，或許山芙蓉真是美味吧，連小小的昆蟲也知道。

【建議延伸閱讀：『台灣野花365天』秋冬篇P118】

山芙蓉粉紅色的花苞在清晨逐漸展開。

剛開花的山芙蓉花瓣上帶點粉紅色。

在中午時山芙蓉的花朵幾乎是粉白色。

山芙蓉的花朵在傍晚凋零前，透過陽光，可以看到花瓣顏色已經轉變成桃紅色。

11月自然課堂。

Lesson 95

巴西烏龜與食蛇龜

食蛇龜的眼睛後方有明顯的黃色縱帶，背甲為黑褐色，但邊緣及中央稜脊為鮮黃色。

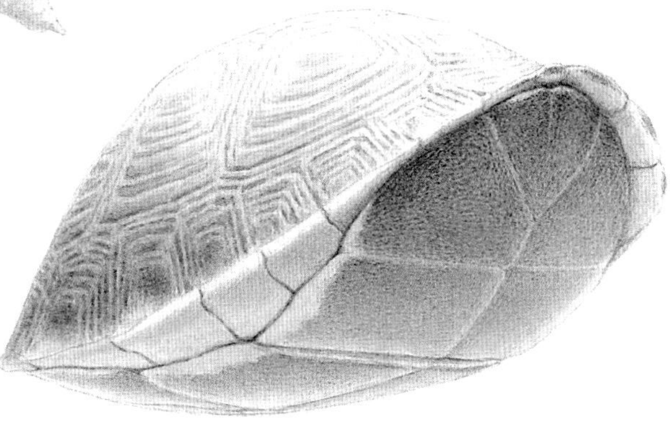

食蛇龜的腹板有橫向韌帶，可以使前後兩半的腹甲向上與背甲閉合，所以又被稱為閉殼龜。

巴西烏龜與食蛇龜會在這裡相提並論，並不是牠們有什麼生物上的關聯性，純粹只是因為這兩隻烏龜都是棄龜，在車水馬龍的都市路旁被撿到，爾後才在家裡安身立命。

巴西烏龜是常見的寵物龜，很多小朋友都有飼養的經驗。我家的巴西烏龜是在新生南路的水溝旁撿到的，當時剛好帶著姪子看完電影酷斯拉，所以才將牠取名為「酷斯拉」。一養就是十幾年，體型也從剛開始的幾百公克重，到現在已是好幾公斤重的大龜了。

巴西烏龜是雜食性的烏龜，有一陣子為了佈置牠住的飼養箱，特地種了許多耐陰濕的蕨類和地衣等植物，誰知沒多久就被酷斯拉吃得乾乾淨淨。巴西烏龜其實不能隨意放養，牠們兇悍的天性對台灣水域環境會造成很大的危害，但這種棄養還是屢見不鮮，植物園的水池裡很容易就可以發現巴西烏龜。

食蛇龜是台灣的原生龜類，並不常見，多半生活在林木底層或是溪流旁，也是雜食性，昆蟲、蚯蚓、魚、蛙類或植物都吃，真不知這隻食蛇龜為何會受傷流落在路旁，後來才被我的設計師朋友收養。

食蛇龜最特別的地方就在腹板，有一橫向的韌帶讓腹甲可以分成前後兩半，如果分別向上推，又可跟前後的背甲閉合，因此被稱為「閉殼龜」。第一次看到食蛇龜的奇特構造，覺得好新奇，雖然牠的名字有點恐怖，但性情卻很溫馴，一點都不像巴西烏龜，動不動就齜牙裂嘴。

巴西烏龜因為眼後的鮮紅色斑紋，又被稱為紅耳龜。

被棄養的外來種巴西烏龜，已經成了台灣環境大問題。

食蛇龜是台灣本土龜類，生活在森林底層及溪流旁。

柴棺龜是另一種本土烏龜，主要棲息在水塘與溼地。

頭部與四肢有著黃綠色斑紋的斑龜，是台灣本土的烏龜，由於水族館有繁殖販售，因此很多被棄養的個體，在各公園水池中非常常見，常與巴西龜混棲。

Lesson 96

11月自然課堂。

冬天菜園裡的小菜蛾

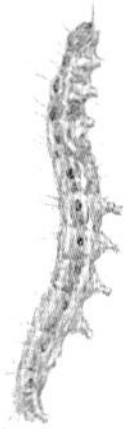

蔬菜水果不僅人類愛吃，其實許多昆蟲也愛吃，尤其菜園或果園的栽種面積都不小，對於昆蟲而言，就像是提供吃到飽的自助餐廳一樣，怎麼可能不趨之若鶩？

冬天是台灣栽種十字花科蔬菜的生產旺季，諸如芥菜、高麗菜、小白菜等，都長得又壯又甜。喜愛蔬菜的紋白蝶和小菜蛾，趕緊把握良機，交尾後將一顆顆卵粒下在蔬菜的菜葉上，為孵化的寶寶找好全日無休的餐廳，好讓牠們快快長大。

小菜蛾的繁殖力驚人，也或許是因為台灣的蔬菜生產一年四季都有，讓小菜蛾寶寶不虞匱乏，一年之內甚至可以繁衍15代，真的十分可觀。小菜蛾的幼蟲外觀和一般的綠色幼蟲沒兩樣，不過牠們卻擁有獨門的高空彈跳絕技，一旦遇到威脅，馬上連滾帶跳地吐絲彈跳，所以又被農民稱為「吊絲蟲」。

小菜蛾的幼蟲十分常見，只要是種植高麗菜或小白菜的菜園裡，都很容易找到牠們。幼蟲感到威脅時會馬上連滾帶跳地吐絲高空彈跳，所以又被稱為「吊絲蟲」。

12月 DECEMBER
自然課堂。

100 Lessons of Taiwan's
Urban Nature

Lesson 97

100 Lessons of Taiwan's Urban Nature

12月自然課堂。

紫蝶幽谷

自然界裡不僅鳥類會長途遷徙，少數幾種昆蟲也有類此現象，其中最著名的就是美洲的大樺斑蝶，數以億計的大樺斑蝶，每年秋天從加拿大南飛至美國加州以及墨西哥過冬，到了春天再飛回北方。

這個驚人的四千公里蝴蝶大遷徙在經年累月的研究之下，已獲得許多寶貴的生態資料，也成為了許多生物教科書上必提的範例。

蝴蝶看似弱不禁風，卻一樣能千里跋涉，而台灣也有類似的蝴蝶遷徙奇景，雖然整體規模不像大樺斑蝶那麼驚人，但也彌足珍貴，堪稱是世界級的生態奇觀。台灣的端紫斑蝶、圓翅紫斑蝶等種類，冬季時會從高海拔山區遷徙到南部溫暖的低谷，數十萬隻紫斑蝶集中於溪谷過冬，而形成了著名的「紫蝶幽谷」景觀。

冬天台灣的紫蝶幽谷當中，以高雄縣茂林鄉最為著名，也已將賞蝶發展成當地重要的生態旅遊，更因為當地居民的積極投入和保護，讓茂林的紫蝶幽谷美景得以永續經營。

紫斑蝶在冬天裡並不是一動也不動地冬眠，每天早晨太陽昇起之後，紫斑蝶開始追逐陽光，展開無以倫比的光之舞，直到午後才陸續回到樹上歇息，一隻隻停棲在樹上的紫斑蝶就像是掛滿大樹的蔓藤，十分壯觀。

經過近十餘年的研究，許多義工參與蝴蝶標記作業，目前已對紫斑蝶的遷徙路徑和習性有了基本的了解，甚至連國道管理處都會配合紫斑蝶的遷移高峰而關閉部份國道，好讓蝴蝶安全通過，不再慘死輪下，這是許多人努力之後的重大進展，也讓台灣的自然保育更上一層樓。

紫斑蝶的交尾構造為色彩鮮豔的毛筆器，除了交尾之外，有些雄蝶被捕捉時，還會伸出毛筆器以做為驅敵之用。（左為雄蝶，右為雌蝶）

每年冬天都有大批志工投入蝴蝶標放的調查工作。

搭在林道上的蚊帳是標放蝴蝶的基地。

到谷地度冬的斑碟在清晨暖陽照射下，翩翩起舞。

Lesson 98

100 Lessons of Taiwan's Urban Nature

12月自然課堂。

拉都希氏赤蛙

拉都希氏赤蛙雌蛙，體型比較肥大。

全年活躍的拉都希氏赤蛙，對環境的適應力非常強，幾乎只要有水的地方，就不難看到拉都希氏赤蛙，同時牠們全年都可繁殖，也難怪會成為野外最容易看到的蛙類之一。

拉都希氏赤蛙為中型的蛙類，最容易辨別的身體特徵是背部兩側明顯突出的背側褶，因此又被稱為「闊褶蛙」。

身體側面分佈著黑褐色斑紋，但體色多變，從淺褐、深褐到紅褐色都有。眼睛後方有一大塊深色的菱形斑，剛好覆蓋在鼓膜上。

拉都希氏赤蛙繁殖時，雄蛙會群聚一處，發出小小的求偶鳴聲，由於競爭激烈，不免發生錯抱的鬧劇。雄蛙的前肢力氣頗大，有時錯把蟾蜍當雌蛙緊抱，那種熱情的擁抱，就連蟾蜍也掙脫不了。

【建議延伸閱讀：《台灣賞蛙記》P142~143】

拉都希氏赤蛙有不明顯的內鳴囊，因此叫聲細小特殊。

拉都希氏赤蛙身體特徵是背部兩側明顯突出的背側褶。

潛水能力很強的牠，一遇到危險馬上潛入水中躲藏。

拉都希氏赤蛙被蜘蛛捕食。

赤腹鶇是冬天才看得到的嬌客。

12月自然課堂。

Lesson 99

100 Lessons of Taiwan's Urban Nature

冬天的鶇科鳥類

冬天是賞鶇科鳥類的好時機，許多鶇科鳥類均屬於冬候鳥，只有在這段時間來到台灣過冬，到了春天的3、4月又將北返。例如黃尾鴝、虎鶇、赤腹鶇、白腹鶇等，都是冬天才看得到的嬌客，可別錯過了。

不過想要一睹牠們的風采，是需要幾分運氣和幾分賞鳥功力的，這幾種鶇科的鳥類大多不易觀察，警覺性頗高，加上羽色斑駁，很容易躲藏在灌叢內而不被人察覺。不過當牠們飛上光禿的落葉樹上，掌握時機，還是可以好好欣賞。

台灣的留鳥當中，也有一種十分普遍常見的鶇科鳥類，相較之下，台灣紫嘯鶇可是非常容易觀察的鳥類。紫嘯鶇的個子頗大，只比鴿子略小一點，全身寶藍色羽毛，在陰暗處好像是黑鳥，但陽光下就會展現驚人的金屬光澤，非常美麗。

紫嘯鶇個性大膽，不怕人，用肉眼就可以看個夠。即使低溫的寒冬裡，牠們依然活蹦亂跳，一邊飛還一邊發出尖銳的哨聲，深怕大家沒看到牠們。早年社區裡完全看不到紫嘯鶇，但最近這幾年數量卻有上昇的趨勢，經詢問賞鳥的好友為何會有這種現象，他推測可能是我們的社區環境日趨自然，可以提供足夠的昆蟲數量，才會讓紫嘯鶇在此落戶生根。看來紫嘯鶇帶來的真是讓人欣慰的好消息。

紫嘯鶇在陽光下才會看出牠一身金屬質感的藍色羽毛。

紫嘯鶇常常在森林底層搜尋小蟲子吃。

白腹鶇是冬候鳥，會在冬季來台灣度冬。

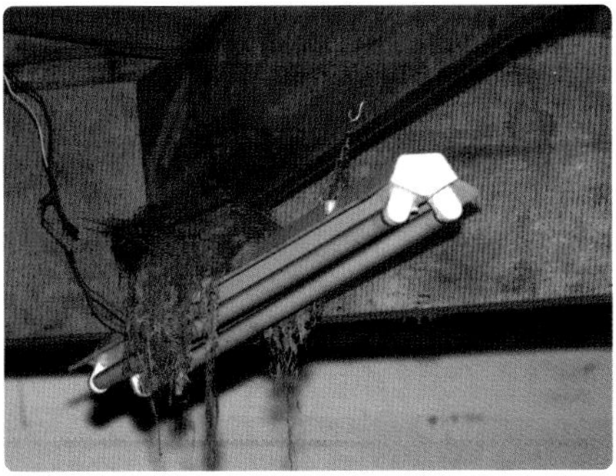
紫嘯鶇築在友人位在山區鐵皮屋日光燈架上的巢。

Lesson 100

12月自然課堂。

枯葉蝶的偽裝術

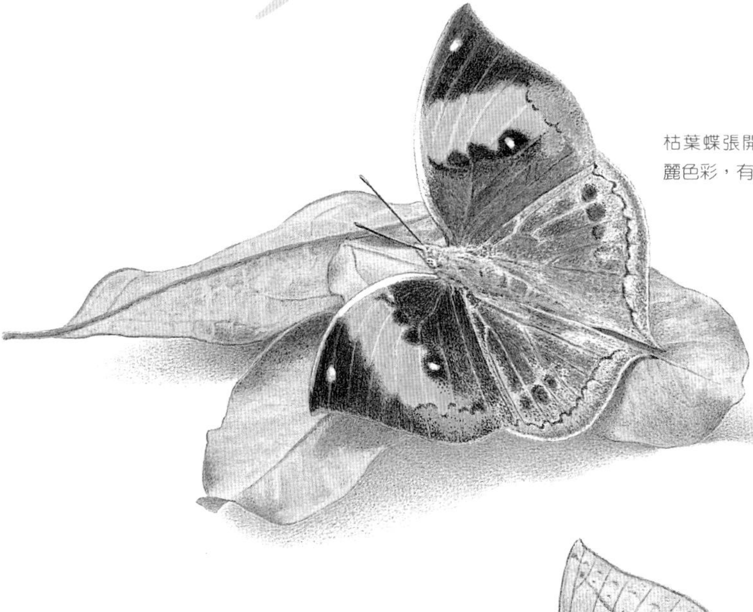

枯葉蝶張開翅膀露出背面的絢麗色彩，有混淆視聽的效果。

翅膀合攏時的枯葉蝶，外型非常像極了枯葉。

枯葉蝶是中型的蛺蝶，多生活在低中海拔山區的森林裡，成蝶不吸食花蜜，反而多以樹液或腐爛的果實汁液為食。

冬天時枯葉蝶以成蝶狀態過冬，到了春天不難發現雌蝶穿梭林間產卵的景象，多半都會選擇長有爵床科馬蘭屬的植物附近產卵。

枯葉蝶最吸引人的地方自然是偽裝的外表，極端酷似枯葉的外型，讓牠們成為解說自然界偽裝現象的最佳範例。不光是枯葉應有的色調、形狀和質感，枯葉蝶的翅膀上就連蟲蛀過的洞都有，真的是巧奪天工到難以想像的地步。

不過一旦枯葉蝶飛行時，翅膀背面的金屬光澤就露了底，但飛行當中藉由雙翅的開闔，其炫目的色調會有混淆視聽的效果，讓鳥類天敵難以招架。從枯葉蝶的身上可以清楚看到自然的生存策略發展到極致的最佳實例。

枯葉蝶翅膀的金屬光澤，讓人誤以為是另一隻蝴蝶。

枯葉蝶抵抗不了腐爛水果的魅力，聚在一起吸食。

枯葉蝶最吸引人的地方是偽裝成落葉的外表，讓見識過的人都會驚嘆大自然的神奇。

大樹自然放大鏡系列 4 **自然老師沒教的事**

100堂都會自然課 100 Lessons of Taiwan's Urban Nature

◎撰文／張蕙芬
◎攝影／黃一峰
◎繪圖／林松霖
◎美術設計／黃一峰
◎大樹自然生活系列總編輯兼創辦人／張蕙芬

◎出版者／遠見天下文化出版股份有限公司
◎創辦人／高希均、王力行
◎遠見・天下文化・事業群董事長／高希均
◎事業群發行人／ CEO ／王力行
◎天下文化社長／林天來
◎天下文化總經理／林芳燕
◎國際事務開發部兼版權中心總監／潘欣
◎法律顧問／理律法律事務所陳長文律師
◎著作權顧問／魏啟翔律師
◎社址／理律法律事務所陳長文律師
◎法律顧問／理律法律事務所陳長文律師
◎著作權顧問／魏啟翔律師
◎社址／台北市 104 松江路 93 巷 1 號 2 樓
◎讀者服務專線／(02) 2662-0012　傳真／(02) 2662-0007；2662-0009
◎電子信箱／ cwpc@cwgv.com.tw
◎直接郵撥帳號／ 1326703-6 號　遠見天下文化出版股份有限公司

國家圖書館出版品預行編目資料

自然老師沒教的事：100堂都會自然課 = 100 lessons of Taiwan's urban nature / 張蕙芬撰文；黃一峰攝影；林松霖繪圖. -- 第一版. -- 臺北市：遠見天下文化, 2009.06
面；　公分. -- (財經企管；BCB597)

ISBN 978-986-216-350-4（精裝）

1.生態教育 2.環境教育 3.台灣

367　　98008697

◎製版廠／黃立彩印工作室
◎印刷廠／立龍藝術印刷股份有限公司
◎裝訂廠／精益裝訂股份有限公司
◎登記證／局版台業字第 2517 號
◎總經銷／大和書報圖書股份有限公司　◎電話／(02) 8990-2588
◎出版日期／ 2021 年 1 月 15 日第二版第 2 次印行
◎ 4713510946190
◎書號：BBT4004A　◎定價／ 600 元

天下文化官網　bookzone.cwgv.com.tw

100 Lessons of Taiwan's Urban Nature